■ 프랑스로 떠나는 과자 여행 ■

프랑스 향토 과자

저자 김다은

한국외국어대학교에서 세르비아어를 전공했으나 어렸을 적 꿈을 따라 졸업과 동시에 이화여대 앞 컵케이크 전문점 '케이쿠'를 오픈해 8년간 운영했다. 그 후 제과를 공부하면서 생긴 궁금증을 해소하기 위해 프랑스로 떠나 에꼴 벨루에 꽁세이(Ecole Bellouet Conseil)에서 경험과 지식을 익힌 후 한국으로 돌아와 '레꼴케이쿠'를 운영하고 있다. 지금도 여전히 프랑스 제과에 대한 호기심과 궁금증을 해소하기 위해 프랑스 과자 연구회와 프랑스 과자 세미나를 운영하며 활동하고 있다.

인스타그램 @lecole_caku
블로그 https://blog.naver.com/enjoydf

■ 프랑스로 떠나는 과자 여행 ■
프랑스 향토 과자

초판 1쇄 인쇄 2020년 11월 20일
초판 1쇄 발행 2020년 12월 15일

지 은 이	김다은	주　　　소	경기도 부천시 조마루로385번길 122	
펴 낸 이	한준희		삼보테크노타워 2002호	
발 행 처	(주)아이콕스	홈 페 이 지	http://www.icoxpublish.com	
		인 스 타 그 램	@thetable_book	
기획·편집	박윤선	이 메 일	thetable_book@naver.com	
교정·교열	장아름	전　　　화	032) 674-5685	
프랑스어감수	황민지	팩　　　스	032) 676-5685	
디 자 인	장지윤	등　　　록	2015년 7월 9일 제 386-251002015000034호	
사　　　진	김남헌(B612 스튜디오)	I S B N	979-11-6426-106-2	
스 타 일 링	이화영(foodstylist_hy@naver.com)			
영업·마케팅	김남권, 조용훈, 문성빈			
영 업 관 리	김진아, 손옥희			

일러두기

· 본 책에 나오는 프랑스 지방 향토 과자에 대한 설명은 프랑스에서 전해져오는 설화와 문헌을 바탕으로 작성되었습니다.

· 본 책에 나오는 프랑스 지방 구분과 명칭은 2016년 개편된 새로운 지방 구분과 명칭을 기준으로 했으나, 향토 과자에 대한 설명에서는 이해를 돕기 위해 당시의 구 명칭을 사용했습니다.

· 본 책의 프랑스어 발음 표기는 기본적으로 한국어로마자 표기법을 기준으로 표기하였으며 브르타뉴, 알자스, 로렌, 코르스 등의 지방어는 실제 발음을 참고하여 표기하였습니다.

■► 프랑스로 떠나는 과자 여행 ◄■

프랑스 향토 과자

김다은 지음

Part 01
프랑스 북부

Part 02
프랑스
서부

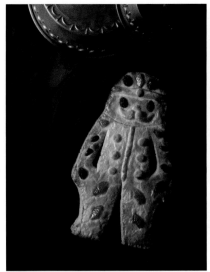

저자의 말

어느 날 마카롱 반죽을 하다가 마카롱이란 이름은 누가 붙여준 건지 궁금해졌습니다. 그 다음날은 마들렌은 누가 만든 건지 궁금해지고, 또 그 다음날은 비스퀴는 어디서부터 시작된 과자인지 궁금해졌습니다. 수많은 물음표가 쌓이자 책을 찾아보기 시작했고, 책에서 만난 과자들을 본고장에서 먹어보고 싶어졌습니다.

그렇게 궁금증과 설레는 마음을 가지고 8년 동안 운영하던 가게를 정리한 뒤 홀연히 프랑스로 과자 여행을 떠났습니다. 머릿속 과자 지도를 따라 매주 새로운 도시를 여행하며 상상 속에만 존재하던 향토 과자들을 만났습니다. 다양한 지방을 여행하며 만난 향토 과자들은 자연스럽고 친근했습니다.

프랑스 향토 과자에 대한 궁금증을 해결하기 위해 연구하면서, 그리고 프랑스에서 공부하고 생활하면서 발견하고 정리한 이야기들을 이 책에 모아보았습니다.

날씨 좋은 날 프랑스 과자 여행을 떠나는 느낌으로 이 책을 읽으셨으면 좋겠습니다.

Un jour, je me suis demandé, en faisant de la pâte à macarons, qui avait appelé ce gâteau pour la première fois « macaron ». Le lendemain je me posais une autre question : « qui a inventé les madeleines ? » Le surlendemain j'étais curieuse de l'origine des « biscuits ». En sentant que les questions s'accumulaient, j'ai commencé à lire des livres pour y répondre et j'ai voulu aller dans leur pays d'origine pour goûter ces gâteaux que j'avais découverts dans les livres.

Très excitée et curieuse, je suis partie en France pour faire un voyage autour de la pâtisserie après avoir fermé le magasin que j'avais géré pendant 8 ans. J'ai voyagé chaque semaine dans de nouvelles villes en suivant la carte des pâtisseries que j'avais en tête. J'ai enfin pu trouver des pâtisseries régionales qui restaient dans mon imagination jusqu'à ce moment-là et je les trouvais naturelles et familières.

Au travers de mes recherches en pâtisseries régionales française, recherches pour répondre à mes questions sur ce sujet, j'ai pu, en étudiant la pâtisserie et en vivant en France, trouver et ranger des histoires autour celui-ci. J'ai essayé de les compiler au sein de ce livre.

J'aimerais que vous lisiez ce livre comme si vous partiez en voyage dans la pâtisserie française.

2020년 11월
저자 김다은

추천사

Macarons, financiers, savarins, mille-feuilles, paris-brest, éclairs, madeleines, pithiviers sont des noms et des produits qui ont traversés les océans et des noms qui ont bercé mon enfance au sein de la pâtisserie familiale et ma carrière professionnelle.

D'autres spécialités moins connues ou oubliées sont aussi à l'origine de la pâtisserie moderne dans sa diversité et sa créativité. Diversité qui est avant tout liée à la richesse du terroir français. Chaque région est dotée de spécialités culinaires et de recettes qui lui sont propres. Recettes élaborées avec des produits issus de l'agriculture de la région elle-même.

Ce livre est un beau travail de recherche sur les pâtisseries régionales française et la réalisation de celle-ci.

Je vous souhaite une bonne réalisation et une bonne dégustation.

마카롱, 피낭시에, 사바랭, 밀푀유, 파리브레스트, 에클레르, 마들렌, 피티비에는 바다를 가로질러 알려진 제품의 이름들이자 제 가족이 하던 제과점에서의 어린 시절과, 그 이후 직업 생활 내내 들어온 이름들입니다.

이보다 덜 알려지거나 잊힌 다른 지역 특산 제품 역시 현대 제과의 다양성과 창조성의 원천이 되었다고 할 수 있습니다. 다양성이라는 부분은 무엇보다도 프랑스의 향토적 풍부함에 기인한 것입니다. 프랑스 각 지방은 고유한 음식과 조리법들을 가지고 있으며 각 지방의 지역 농업 생산물에 의해 이 조리법들이 만들어졌습니다.

이 책은 프랑스 향토 과자와 그것을 구현하는 방법에 대한 연구의 훌륭한 결실입니다.

독자 여러분이 즐겁게 만들고 맛있게 시식해보시길 기원합니다.

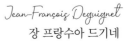

장 프랑수아 드기네

tz

ncy

● Strasbourg

●

● Colmar

● Belfort

ançon

•• *Part 01* ••

프랑스 북부

Annecy

mbéry

ble

● Gap

● Digne

● Nice

ALPES -
ZUR

ulon

● Bastia

CORSE

● Ajaccio

쿠뉴는 벨기에와 프랑스 북부에서 성탄절, 성 니콜라스의 날, 성 마틴의 날에 먹는 과자입니다. 브리오슈 중앙에 장식물을 올려 구유(가축의 먹이를 담는 그릇)에 누워 있는 아기 예수를 형상화한 것으로, 과자의 모양은 원형 이외에도 다양한 형태로 만듭니다. 프랑스 북부 캉브레지Cambresis에서는 쿠뉴를 '퀴니올Cuniole'이라 부르며 브리오슈 윗면을 줄무늬 형태로 갈라 구워내기도 합니다. 쿠뉴의 뿌리는 신성 로마 제국부터 시작되어 시간이 흘러 벨기에, 네덜란드, 프랑스 북부까지 퍼져 나간 것으로 보입니다.

쿠뉴는 '쿠뇰Cougnole' 또는 '생니콜라Saint-Nicolas'라고 부르기도 합니다. 쿠뉴의 어원에 대한 이야기는 여러 가지가 있는데, '요람', '둥지'라는 뜻의 라틴어 '쿠나이cunae'에서 비롯되었다는 이야기와 원래 삼각형이었던 빵의 모양에서 비롯된 이름인 '쿠네올루스cuneolus'에서부터 시작되었다는 이야기가 있습니다.

지역에 따라 쿠뉴를 다양한 모양으로 장식해 아기 예수의 모습을 표현합니다. 벨기에의 프랑드르 로만 지방 중 특히 투르네에서는 단추 모양의 원형 석고에 여러 가지 그림을 그려 표현하며 그 외 지역에서는 설탕 반죽이나 꽃, 리본 등을 장식물로 사용하기도 합니다.

쿠뉴는 보통 성탄절 밤이나 아침, 새해 첫날에도 먹습니다. 1592년 벨기에에서 작성된 문서에는 가난한 사람들을 위해 성탄절에 쿠뉴를 만들어 나누어 주었다는 기록이 남아 있습니다. 또 벨기에 앙덴에서는 성탄절이면 전통 카드 게임을 하면서 쿠뉴를 먹거나 아이들 베개 밑에 쿠뉴를 숨겨놓아 성탄절 아침에 아이들이 그것을 발견하는 놀이를 즐기기도 했습니다.

'생니콜라'라고
불리기도 하는 쿠뉴

성탄절 기간 동안 다양한 모양으로
판매되는 쿠뉴

초콜릿을
넣고 구운 쿠뉴

Ingrédient

쿠뉴 반죽

강력분 520g
소금 1/2tsp
설탕 100g
달걀전란 50g
우유 100g
물 150g
생이스트 40g
무염버터 80g
건포도 80g

≈ Pâte à cougnou

1 볼에 체 친 강력분, 소금, 설탕을 넣고 믹싱해줍니다.

2 달걀전란, 우유, 물, 생이스트를 넣고 믹싱해줍니다.

3 버터를 넣고 충분히 믹싱합니다.

4 완성된 반죽은 둥글리기해 볼 입구를 랩핑한 후 따뜻한 곳에 두어 1차 발효시켜줍니다.

5 1차 발효가 끝난 반죽은 펀치해 가스를 빼고 반죽을 밀대로 밀어 편 다음 건포도를 골고루 올려줍니다.

6 반죽을 둥글리기하면서 건포도를 감싸줍니다.

7 4등분(100g씩)한 후 다시 둥글리기합니다.

기타
달걀물 적당량
건포도 적당량

분량
: 길이 20cm 쿠뉴 4개

≈ Finition

8 길쭉한 모양으로 몸통을 만들어줍니다.

9 목 부분을 만들어줍니다.

10 가위로 잘라 팔과 다리를 만든 후 따뜻한 곳에 두어 2차 발효시켜줍니다.

11 달걀물을 얇게 골고루 발라줍니다.

12 얼굴 부분에 건포도를 고정시켜 사람처럼 표현한 후 170℃로 예열된 오븐에서 25분간 구워 완성합니다.

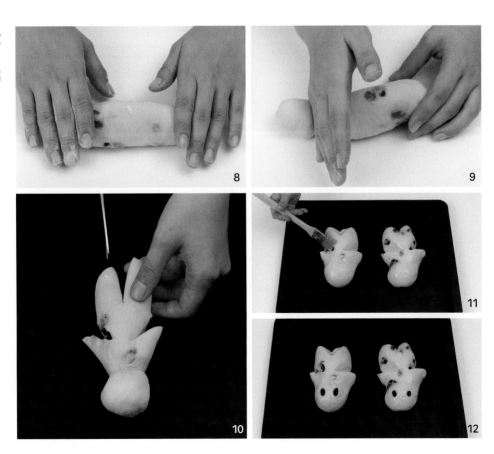

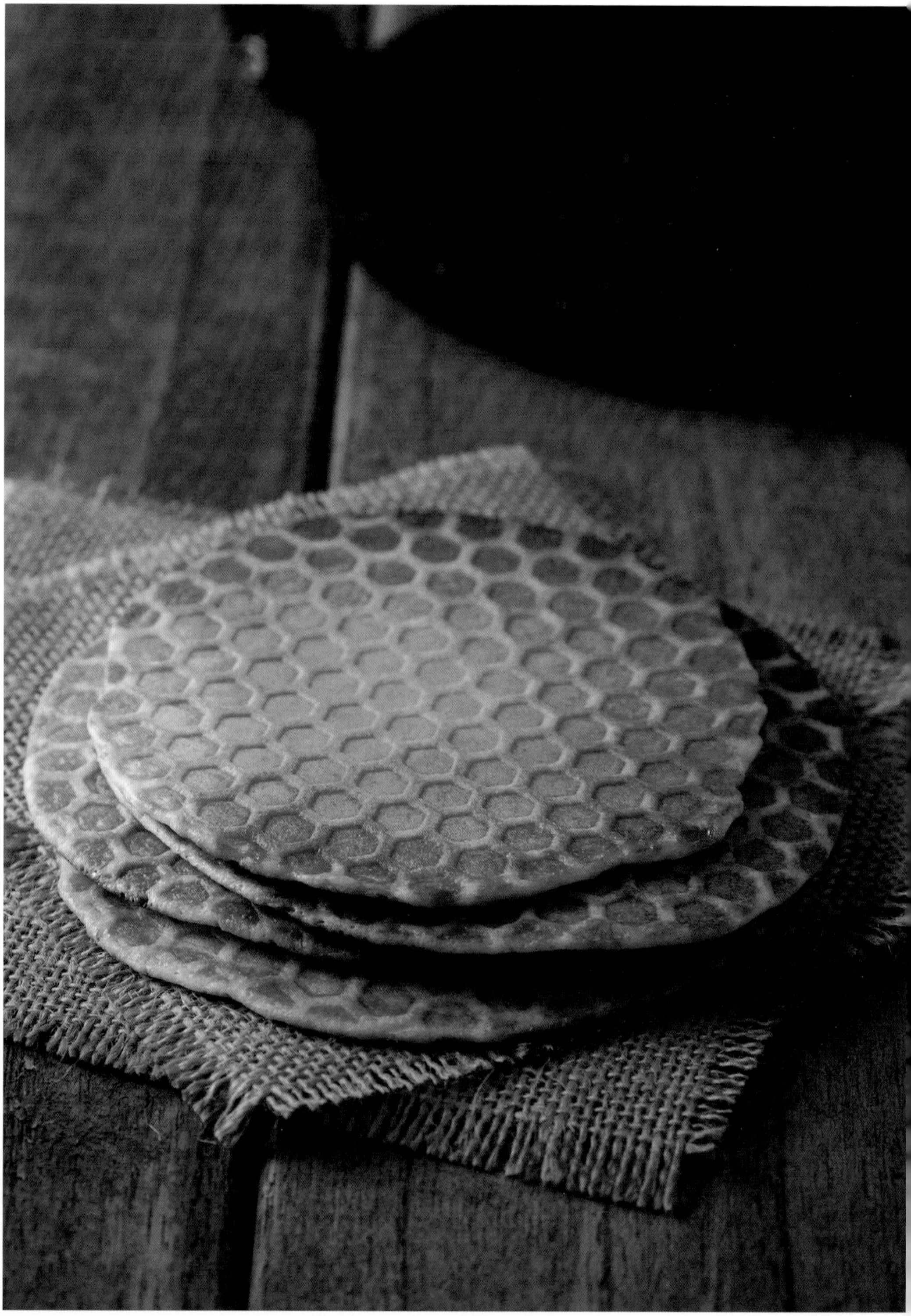

고프르(또는 와플)는 격자무늬 틀을 이용해 앞뒤를 눌러서 굽는 것으로 벨기에, 네덜란드, 프랑스 북부, 이탈리아 알파인 등지에서 만들어 먹는 과자입니다. 와플은 프랑크족의 '와프레wafre'라는 용어에서 비롯된 것으로, '격자무늬가 새겨진 2개의 판 사이에 구운 과자'라는 뜻입니다. 고프르 또한 '벌집'이라는 뜻을 가지고 있어 고프르와 와플 모두 모양에서 비롯된 이름들임을 알 수 있습니다. 고프르와 비슷한 과자로 '우블리Oublie'가 있는데, 고프르는 주로 격자무늬로 평평하게 구운 것이고 우블리는 코르네 틀에 동그랗게 말아 모양을 잡은 것입니다.

　고프르는 파리에서는 이미 13세기부터 시중에서 판매했으며 14, 15세기에는 가정에서 쉽게 만들어 먹던 서민 음식이었습니다. 주로 밀가루, 물, 소금 정도만 넣은 반죽을 호두 기름을 바른 격자무늬 틀에 흘려넣은 뒤 위아래로 눌러 구웠습니다. 서민들은 이 반죽을 두껍게 구워 먹었지만 부유한 가정일수록 반죽에 달걀노른자, 설탕, 고운 밀가루, 화이트 와인 등을 섞어 얇게 구웠습니다. 일부 지역에서는 겨울철에 메밀가루를 사용해 만들기도 했습니다. 지금은 대부분 격자무늬 틀에 굽지만 예전에는 종교적인 문양이 그려진 틀에 많이 구웠다고 합니다. 15세기까지 기독교 축제 기간이면 교회 꼭대기에서 꽃, 새들과 함께 고프르를 던지기도 했다는 이야기를 듣자면 고프르가 얼마나 서민적인 음식이었는지 짐작할 수 있습니다. 19세기부터는 디저트로서의 의미가 강해져 이때부터 속을 채운 고프르가 유행하기 시작했습니다.

　릴Lille을 방문했을 때 '메에르Méert'라는 프랑스에서 가장 오래된 고프르 가게를 만났습니다. 1849년 문을 연 이 가게에는 바닐라를 채워넣은 고프르가 명물입니다. 바삭할 거라는 예상을 깨고 말랑하고 부드러운 식감의 고프르 사이에 단맛이 강한 바닐라 크림이 샌드되어 자꾸만 먹고 싶어지는 맛이었습니다.

프랑스에서 가장 오래된
고프르 가게인 '메에르'

'메에르'의 고프르에는
바닐라 크림이 샌드되어 있다.

릴의 오래된 제과점에서
만난 고프르

Ingrédient

고프르 반죽

강력분 125g
베이킹파우더 4g
설탕 10g
소금 1g
달걀전란 37g
우유 65g
녹인 무염버터 32g

≈ Pâte à gaufres

1   볼에 체 친 강력분, 베이킹파우더, 설탕, 소금을 넣고 가볍게 섞어줍니다.

2   달걀전란과 우유를 조금씩 넣어가며 섞어줍니다.

3   녹인 버터를 넣고 섞어줍니다.

4   볼 입구를 랩핑해 냉장실에서 1시간 이상 휴지시켜줍니다.

기타
녹인 무염버터 적당량

분량
: 지름 13cm 고프르 12장

≈ Finition

5 고프르 틀에 녹인 버터를 골고루 발라줍니다.

6 틀이 달궈지면 휴지가 끝난 반죽을 적당량 부어줍니다.

7 틀을 돌려가며 반죽을 넓게 펴줍니다.

8 반죽 아랫면이 잘 익었는지 확인한 후 뚜껑을 덮어 틀을 뒤집어 구워줍니다.

9 반죽의 양면이 모두 노릇해질 때까지 구워 완성합니다.

■03■ 마카롱 다미앙   *Macaron d'Amiens*

'마카롱Macaron'은 이탈리아 메디치 가문에 의해 프랑스로 전파된 과자로, 아미앙Amiens에서는 16세기부터 즐겨 먹기 시작했습니다. 수많은 종류의 마카롱이 있지만 마카롱 다미앙은 아몬드, 달걀흰자, 꿀(또는 사과 잼)을 사용해 만드는데, 특히 이탈리아의 아몬드 과자인 '아마레띠Amaretti'를 많이 닮았습니다.

마카롱 다미앙을 누가 처음 만들었는지는 정확하지 않지만 오리파테 요리로 유명한 '라 메종 드 강La Maison Degand'에서 사람들에게 처음 소개했고, 이를 아미앙 대성당 앞에 위치한 '장 트로뇌Jean Trogneux'라는 제과 회사가 지역 특산품으로 대량 생산해 판매하기 시작했다는 설이 유력합니다. 지금도 이 회사에서는 마카롱 다미앙, 초콜릿, 잼, 파테 등 아미앙의 특산품들을 판매하고 있으며 2015년에는 200만 개가 넘는 마카롱 다미앙이 판매되었다고 합니다.

2018년도에 아미앙을 방문했을 때는 제과점뿐만 아니라 기념품점에서도 쉽게 마카롱 다미앙을 만날 수 있었습니다. 지금은 기본 마카롱부터 아몬드 대신 코코넛을 넣은 마카롱, 건과일을 섞은 마카롱 등 다양한 종류의 마카롱 다미앙이 판매되고 있습니다.

아미앙 시내에서
자주 볼 수 있는 쇼윈도

기념품점에서 판매하는
마카롱 다미앙

쫀득하고 고소한 맛의
마카롱 다미앙

Ingrédient

마카롱 반죽

간 아몬드 125g

슈거파우더 125g

달걀흰자 35g

사과 잼 40g

≈ Pâte à macarons

1 볼에 곱게 간 아몬드와 체 친 슈거파우더, 달걀흰자, 사과 잼을 넣고 주걱
으로 가볍게 섞어줍니다.

2 어느 정도 섞이면 손으로 반죽해 한 덩어리로 만들어줍니다.

3 반죽을 양손으로 가볍게 굴려가며 원기둥 모양으로 만들어줍니다.

분량
: 지름 4cm 마카롱 다미앙
  20개

4   랩핑한 후 반죽이 단단해질 때까지 냉동실에 보관합니다.

≈ Finition

5   썰기 좋게 단단해진 상태의 반죽을 2cm 두께로 썰어줍니다.

6   5cm 간격을 두고 팬닝한 후 165℃로 예열된 오븐에서 가장자리가 노릇
    해질 때까지 20분간 구워 완성합니다.

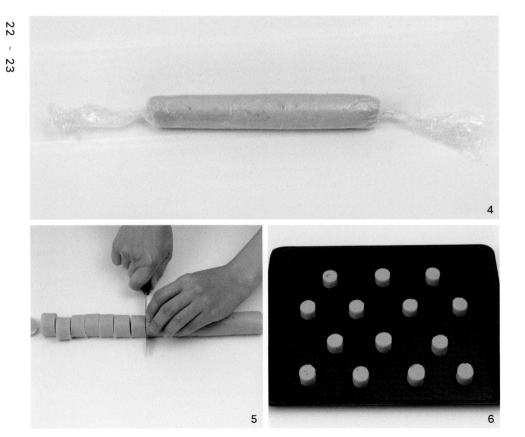

가토 바튀는 브리오슈의 일종으로, 버터와 달걀이 풍부한 비엔누아즈리입니다. 기본 브리오슈보다 기공이 많고 부드러운 식감을 자랑하는 가토 바튀는 프랑스 북부의 피카르디Picardie를 상징하는 과자 중 하나로, 요리사의 모자 모양을 본떠 1653년에 만들어졌으며 '몰레(부드러운)mollet'라는 단어를 써서 '가토 몰레Gâteau mollet'라고도 불립니다. 원래는 마을 축제, 종교 행사, 결혼식 등 특별한 날 만들어 먹던 과자였지만 지금은 행사나 기간에 구애받지 않고 언제든 즐길 수 있습니다.

가토 바튀는 프랑스에서 전통적으로 먹어오던 빵이지만 피카르디의 특산품으로 지정된 것은 20세기 초 크로즈나 퀴르농스키 같은 여러 미식가들이 가토 바튀를 언급하면서부터입니다. 1992년 가토 바튀 조합인 라콩프레리 뒤 가토 바튀가 탄생하면서 피카르디를 대표하는 제과로 완벽히 자리잡았습니다.

피카르디에서는 매년 가토 바튀 콘테스트가 열립니다. 콘테스트가 시작되면 가토 바튀 조합에서는 각 제과점에 지침 및 준수 사항을 적은 우편물을 보냅니다. 각 제과점에서는 지침에 적힌 레시피를 참고해 3개의 가토 바튀를 만들고 심사위원들은 3개의 가토 바튀를 모두 시식한 뒤 점수를 매겨 승인을 부여합니다. 우승한 제과점은 2년 동안 우승 증표를 걸어둘 수 있습니다.

가토 바튀는 풍부한 버터와 달걀을 사용하는 레시피가 특징입니다. 버터와 달걀의 비율이 높은 까다로운 반죽이므로 재료의 온도를 동일하게 맞춘 뒤 손 반죽을 해야 합니다. 오리지널 레시피에는 밀가루 500g, 달걀 6개, 설탕 100g, 버터 400g, 효모, 소금이 들어갑니다.

아미앙에서 구입한
가토 바튀

가토 바튀의 단면

요리사 모자를 닮은
가토 바튀 틀

Ingrédient

바튀 반죽

박력분 250g

강력분 250g

달걀전란 55g

달걀노른자 6개

설탕 100g

생이스트 90g

소금 10g

무염버터 400g

≈ Pâte battue

1 볼에 체 친 박력분, 강력분, 달걀전란, 달걀노른자, 설탕, 생이스트, 소금을 넣고 재료들이 충분히 엉겨 붙을 때까지 믹싱해줍니다.

2 말랑한 상태의 버터를 조금씩 넣어가며 반죽에 버터가 완전히 흡수될 때까지 믹싱해줍니다.

3 볼 입구를 랩핑한 후 따뜻한 곳에 두고 반죽이 두 배로 부풀 때까지 1차 발효시켜줍니다.

기타

무염버터 적당량

분량

: 지름 15cm, 높이 20cm
  가토 바튀 1개

≈ Finition

4 틀 안쪽에 버터를 넉넉히 골고루 발라줍니다.

5 1차 발효가 끝난 반죽을 넣은 후 다시 두 배로 부풀 때까지 2차 발효시켜
    줍니다.

6 175℃로 예열해둔 오븐에서 35분간 구워 완성합니다.

4

5

6

부르들로는 사과에 반죽을 감싸 굽는 노르망디Normandie의 향토 과자입니다. 비슷한 과자로는 서양배를 속에 넣고 반죽을 감싸 굽는 '두이용Douillon'과 벨기에 리에주의 '롱보스Rombosse'가 있습니다. 노르망디에서는 부르들로를 뜨겁거나 차갑게 또는 프레시 크림을 곁들여 시드르와 함께 먹거나 칼바도스를 뿌려 플람베해 먹기도 합니다.

만드는 방법은 사과 껍질을 벗기고 속을 파내 설탕을 채워넣은 뒤 칼바도스와 버터를 조금씩 넣고 다시 사과 꼭지를 얹습니다. 사과 표면은 푀이테 반죽이나 브리제 반죽으로 감싸고 달걀노른자를 발라 갈색이 될 때까지 노릇하게 구워줍니다. 옛날에는 빵을 굽고 남은 화덕의 열을 이용하기 위해 사과를 껍질째 준비해 남은 반죽으로 감싸 구웠다고 합니다.

비슷한 과자로 '폼므 퀴트Pomme cuite'도 있습니다. 폼므 퀴트는 단어 그대로 '구운 사과'라는 뜻으로, 오래되거나 상한 부분이 많은 사과를 처리하는 한 방법으로 만들어 먹던 디저트였습니다. 껍질을 깎지 않은 사과 속에 설탕이나 향신료 등을 넣어 벽난로에서 구워 먹었다고 전해집니다.

파리에서 유학하던 때 학교에서 플레이트 디저트를 배우면서 부르들로를 처음 만들었습니다. 정확히는 두이용이었는데, 각종 향신료를 넣은 와인에 서양배를 졸이고 겉에 푀이테 반죽을 감싸 구웠습니다. 구워져 나온 두이용을 반으로 갈랐을 때 겉은 노릇하고 속은 분홍빛으로 물든 서양배가 참 예뻤던 기억이 있습니다.

프랑스 향토 과자를 공부하다 보면 화덕의 남은 열을 이용해 구운 과자들이 자주 등장합니다. 옛날에는 한 마을에 한두 개의 공동 화덕을 두어 연료를 아꼈고 빵집에서도 높은 열의 화덕에 빵을 구운 뒤 남은 열이 아까워 간단한 빵이나 과자류를 굽는 일이 많았습니다. 집집마다 반죽을 들고 나와 공동 화덕 앞에 옹기종기 모여 굽는 모습을 상상하게 만드는 부르들로입니다.

부르들로와 비슷한
방법으로 만드는 두이용

서양배에 향과 색을
입혀 만든다.

Ingrédient

레드커런트 잼 180g

레드커런트 퓌레 130g
설탕 130g
NH펙틴 4g

≈ Confiture de groseilles

1 냄비에 레드커런트 퓌레를 넣고 40℃까지 가열해줍니다.

2 40℃까지 온도가 오르면 불을 끄고 미리 섞어둔 설탕과 NH펙틴을 조금 씩 넣어가며 섞어줍니다.

3 설탕과 NH펙틴이 모두 녹고 잘 섞인 상태가 되면 잘 저어가면서 100℃ 까지 가열해 마무리합니다.

브리제 반죽 400g

박력분 250g
무염버터 125g
달걀노른자 20g
소금 5g
물 40g

≈ Pâte brisée

4 작업대에 체 친 박력분, 깍뚝썰기한 차가운 상태의 버터를 놓고 스크래퍼를 이용해 버터를 잘게 다지듯 골고루 섞어줍니다.

5 스크래퍼를 이용해 반죽을 가르듯 섞다가 버터가 쌀알 정도의 크기가 되면 달걀노른자, 소금, 물을 올려 함께 섞어줍니다.

6 어느 정도 섞이면 한 덩어리로 반죽해 랩핑한 후 냉장실에서 12시간 휴지시켜줍니다.

Ingrédient

기타

사과 6개
달걀물 적당량
칼바도스 적당량

≈ Finition

7 사과는 깨끗이 씻어 껍질을 깎고 심을 도려내줍니다.

8 레드커런트 잼을 짤주머니에 담아 도려낸 공간에 채워줍니다.

9 도려낸 사과 꼭지를 다시 덮어줍니다.

10 휴지가 끝난 브리제 반죽을 3mm 두께로 밀어줍니다.

11 반죽으로 사과를 덮은 후 손으로 아래 쪽을 붙여서 정리해줍니다.

12 남은 반죽은 3mm 두께로 밀어 나뭇잎 모양으로 잘라줍니다.

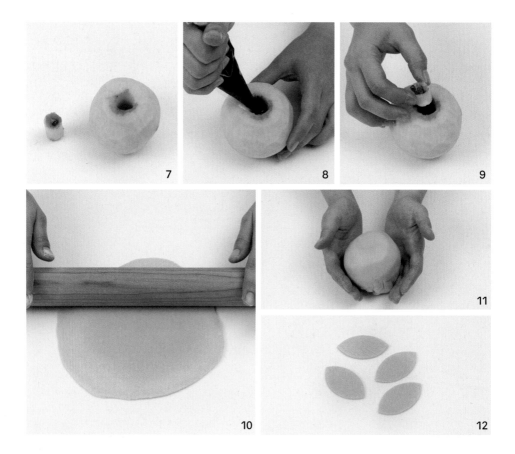

13 ⑪에 달걀물을 얇게 골고루 발라줍니다.

14 나뭇잎 모양 반죽을 고정시켜줍니다.

15 나뭇잎 모양 반죽에도 달걀물을 얇게 골고루 발라줍니다.

16 사과 꼭지를 반죽에 꽂아 고정시켜줍니다.

17 175℃로 예열된 오븐에서 30분간 구워 완성합니다. 구워져 나온 부르들로에 칼바도스로 플람베(주류에 불을 붙여 단시간에 알코올을 날리는 조리법)한 후 먹습니다.

양배 씨의 한마디

칼바도스는 프랑스 노르망디에서 생산되는 사과로 만든 증류주예요. 노르망디에서는 8세기경부터 사과 농업과 양조업이 존재했는데 사과로 만든 증류주는 17세기부터 사과 농장에서 만들어지기 시작하다가 19세기 산업화가 진행되면서 대량 생산이 가능해졌어요. 칼바도스는 200여 가지가 넘는 품종 중 특별히 선택된 사과 품종으로 만들어지며, 사과를 수확한 후 주스로 만들어 사이다로 발효시킨 후 증류해 오크 통에서 2년간 숙성시켜 판매된다고 해요.

13

14

15

16

17

■ 06 ■ 사블레 드 캉 *Sablé de Caen*

캉Caen은 칼바도스Calvados의 행정 중심지이자 노르망디Normandie에서 세 번째로 큰 도시입니다. 사과가 많이 생산되어 지역 이름을 딴 칼바도스라는 사과 브랜디를 만드는데, 사블레 드 캉 레시피에 종종 이 칼바도스가 등장합니다. '사블레 노르망Sablé normand'이라고도 부르는 이 과자는 유제품이 발달한 노르망디의 과자답게 버터 향이 풍부합니다.

'사블레Sablé' 과자의 어원에 관한 이야기 중 가장 널리 알려진 것은 모래알처럼 손으로 부슬려가며 반죽하는 모양새에서 붙은 이름이라는 설입니다. 그 외에도 사블레 후작 부인이 이 과자를 사랑해 붙은 이름이라는 이야기도 있는데, 사블레가 탄생한 지역이 사블레 부인이 태어난 페이드라루아르Pay de la Loire라는 이야기도 있습니다. 조금 더 신뢰가 가는 이야기로는 프랑스에서 손꼽히는 버터 산지인 노르망디에서 질 좋은 버터를 넉넉히 사용할 수 있었기 때문에 사블레가 탄생했다는 설도 있습니다.

노르망디에는 다양한 종류의 사블레가 있지만 사블레 드 캉의 특별한 점은 삶은 달걀노른자를 사용한다는 것입니다. 저도 익힌 달걀노른자가 들어가는 과자는 처음 봐서 '레시피를 잘못 읽었나?'라고 생각하기도 했습니다. 생소한 방법이라 식감이나 맛이 전혀 상상이 가지 않았습니다. 그런데 먹어보니 시나몬파우더(가끔 칼바도스를 넣기도 함)가 들어가 고소한 달걀노른자의 풍미를 더욱 살려주었으며 가벼운 식감이 무척 매력적이었습니다. 왜 익힌 달걀노른자를 사용했는지는 정확히 알 수 없지만 1828년 노르망디를 여행하던 클로드 마송 드 생타망이 '모래처럼 부드럽게 부서지는 과자'라고 표현했던 것을 보면 가벼운 식감을 내기 위해 사용한 게 아닐까 추측해보게 됩니다. 19세기에는 파리까지 노르망디의 사블레가 인기를 끌어 이 과자를 맛보러 노르망디를 방문하는 사람들이 늘었다는 이야기도 있습니다.

종종 달걀노른자가 많이 남았을 때 익혀두었다가 사블레 드 캉을 만들어봐도 좋을 것 같습니다.

다양한 모양의 사블레

Ingrédient

사블레 반죽

삶은 달걀노른자 2개
무염버터 100g
슈거파우더 50g
소금 약간
박력분 100g
시나몬파우더 1g

≈ Pâte sablée

1   삶은 달걀노른자는 체에 내려 준비합니다.

2   볼에 포마드 상태의 버터를 넣고 가볍게 풀어줍니다.

3   체 친 슈거파우더, 소금을 넣고 섞어줍니다.

4   체 친 박력분, 시나몬파우더, 체에 내린 달걀노른자를 넣고 주걱으로
    가르듯 섞어줍니다.

분량

: 지름 7cm 사블레 드 캉 10개

5   완성된 반죽은 랩핑한 후 냉장실에서 1시간 이상 휴지시켜줍니다.

≈ Finition

6   휴지가 끝난 반죽은 5mm 두께로 밀어줍니다.

7   지름 7cm의 원형 주름 틀로 찍어줍니다.

8   5cm 간격을 두고 팬닝한 후 170℃로 예열된 오븐에서 13분간 구워 완성
합니다.

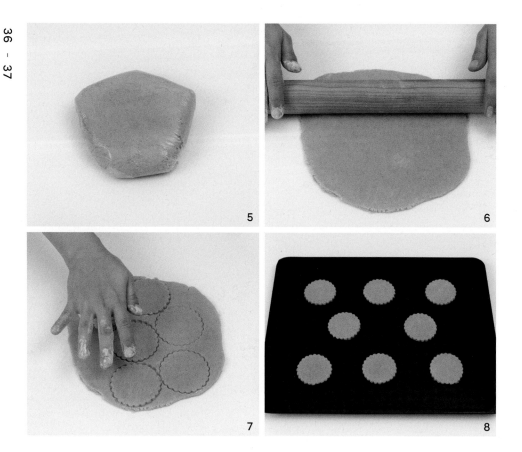

퇴르굴은 노르망디Normandie 칼바도스Calvados에서 만들어 먹는 쌀 푸딩입니다. 전통적으로 마을 축제 때 많이 만들었고 지금은 언제든 편하게 만들어 먹는 디저트가 되었습니다. 퇴르굴을 처음 만든 사람은 캉Caen의 총독이었던 프랑수아 장 오르소 드 퐁테트입니다. 총독은 노르망디로 쌀과 향신료를 수입해 주민들의 폭동과 기근을 막았고, 비가 많이 오는 봄이나 여름이 지난 뒤 흉년이 들었을 때 부족한 밀 대신 수입한 쌀을 우유와 함께 요리할 수 있는 조리법을 제공했습니다. 당시 퇴르굴은 식사용이었지만 점점 디저트로 먹게 되었습니다.

퇴르굴은 우유에 쌀을 넣어 익힌 뒤 설탕을 넣어 단맛을 내고 계피나 넛맥 같은 향신료를 첨가하기도 합니다. 도기에 넣고 오랜 시간 구우면 윗면이 캐러멜화되어 갈색의 두꺼운 껍질이 생기는 것이 특징입니다.

퇴르굴은 '테린Terrine'이라는 도자기 그릇에 반죽을 담아 구워 '테리네Terrinée'라고 부르기도 합니다. 테린은 보통 타원형으로 생겨 양옆에 손잡이가 있는데, 옛날에는 갓 짜낸 우유를 테린에 담아두었다고 합니다.

노르망디의 울가트Houlgate에서는 매년 퇴르굴 경연 대회를 개최하는데, 참가자들은 공식 레시피대로 퇴르굴을 만들고 녹색과 주황색의 복장을 한 심사위원들이 최고의 퇴르굴을 찾아냅니다.

파리의 어느 레스토랑에서 쌀로 만든 푸딩을 아주 맛있게 먹은 기억이 있습니다. 노르망디의 퇴르굴처럼 윗면이 갈색이 될 때까지 구운 것은 아니었지만 캐러멜 소스를 따로 만들어 섞어 먹도록 해서 비슷한 풍미를 자아냈습니다.

파리의 레스토랑에서 맛본 '리 오 레(Riz au lait)'

Ingrédient

쌀 75g

설탕 90g

소금 1g

우유 1,000g

시나몬파우더 2g

바닐라빈 1/6개

분량

: 지름 18cm 도기 1개

1 볼에 쌀, 설탕, 소금, 우유, 시나몬파우더, 바닐라빈을 넣어줍니다.

2 ①의 재료들을 섞어줍니다.

3 오븐용 도기에 담아 150℃로 예열된 오븐에서 5시간 정도 천천히 익혀 완성합니다.

양배 씨의 한마디

퇴르굴을 만들 때는 국내산 쌀보다 베트남산 쌀이 더 잘 어울려요. 쌀은 불리거나 씻지 않고 그대로 사용하는 것이 포인트예요.

영업 시간
월~토 오전 9시~오후 6시

위치
18-20 Rue Coquillière,
75001 Paris

E.DEHILLERIN(으드일르랑)

1820년에 문을 연 파리에서 가장 오래된 조리 도구 상점입니다. 제과제빵 도구부터 조리복까지 없는 게 없어 제과
도구 쇼핑할 때 가장 먼저 들러야 하는 상점입니다. 모라(MORA) 상점보다 가격이 저렴한 편이어서 제과를 공부하
는 학생들에게 특히 인기가 많습니다. 요즘 유행하는 실리콘 몰드, 독특한 모양의 케이크 틀도 있지만 옛날부터 사용
되던 클래식한 틀과 도구들도 많이 있습니다. 지하에까지 창고가 있어 찾는 물건을 점원에게 말하면 친절하게 찾아
줍니다.

영업 시간
월~토 오전 10시~오후 5시

위치
13 Rue Montmartre, 75001 Paris

MORA(모라)

요즘 유행하는 최신 제과 도구들을 만나볼 수 있습니다. 특히 가장 많은 종류의 실리콘 몰드를 보유한 상점이라 구
경하는 재미가 있습니다. 입구에 초콜릿 같은 제과 재료와 데커레이션 재료들, 포장재까지 구비되어 있어 한 번에
쇼핑하기 편리합니다. 제과학교를 다니고 있는 학생들은 학생증을 제시하면 할인받을 수 있습니다.

영업 시간
월~토 오전 10시~오후 7시

위치
9 Rue Montorgueil, 75001 Paris

DÉCO RELIEF(데코 르리프)

초콜릿이나 설탕 공예에 사용되는 전문 도구와 재료를 판매하는 곳입니다. 다양한 용도의 색소나 향료, 첨가물들을 구매할 때 자주 들르게 되는 곳입니다. MORA(모라), E.DEHILLERIN(으드일르랑), G.DETOU(제드투) 상점과 도보 2~3분 거리에 위치해 있습니다.

영업 시간
월~토 오전 9시~오후 7시

위치
58 Rue Tiquetonne, 75002 Paris

G.DETOU(제드투)

파리에서 가장 오래된 제과 재료상 중 한 곳입니다. 파리에서는 방산시장처럼 제과 재료만 따로 모아 판매하는 곳을 찾아보기 힘든데, 대형 백화점 식품관을 제외하고는 이곳이 거의 유일하게 제과 재료를 모아두고 판매하는 곳입니다. 바닐라빈과 통카빈 등의 재료를 저렴하게 구입할 수 있을 뿐만 아니라 각 지역의 향토 과자들도 구입할 수 있습니다. 주문서를 넣는 곳과 계산하는 창구가 분리된 옛날 방식의 계산대가 정겹습니다.

영업 시간
매일 오전 10시~오후 8시

위치
24 Rue de Sèvres, 75007 Paris

LE BON MARCHÉ(르 봉 마르셰)

파리에서 다양한 식재료를 구경하려면 백화점 식품관을 찾아가면 됩니다. 라파예뜨, 르 그랑 드 에피스리도 있지만 가장 추천하는 곳은 르 봉 마르셰입니다. 생수만 하더라도 수십 가지가 진열되어 있을 정도로 다양한 상품이 모여 있는 식품 저장 창고 같은 곳입니다. 무엇보다 향토 과자 코너가 따로 있어 각 지방 특산품을 한자리에서 구입할 수 있습니다. 1층에서 식료품 쇼핑이 끝나면 2층으로 올라가 조리 도구를 구경하는 재미도 있습니다.

브라지예는 칼바도스Calvados의 클랑샹쉬르오른Clinchamps-sur-Orne 마을에서 만들어 먹는 과자입니다. 프랑스어로 '브라지예brasiller'는 '벌겋게 타오르다'라는 뜻으로, 화덕에서 구워지는 모습이 불꽃을 닮아 붙여진 이름입니다. 옛날에는 화덕에 불씨가 남아 있을 때 화덕 앞쪽에 반죽을 넣고 구웠다가 불씨가 사라지기 전에 꺼내어 완성했다고 합니다. 즉, 브라지예는 남은 불씨를 이용해 굽는 가난한 사람들을 위한 음식이었습니다.

브라지예가 처음 알려진 때는 1837년입니다. 원래는 라드(돼지 지방)를 발라 반죽을 켜켜이 올려 푀이테 반죽처럼 구웠지만 지금은 주로 조리한 사과를 넣고 구워 만듭니다.

중세시대의 노르망디Normandie는 과수원과 수도원으로 알려진 곳이었습니다. 사과가 풍부하던 노르망디에서는 시드르가 많이 생산되었는데, 야생 사과나무로 만든 시드르는 품질이 좋지 않아 18세기부터 사과 과수원이 늘어나기 시작했습니다. 프랑스에는 수천 종의 사과가 있고 노르망디에는 수백 종의 사과가 있다고 합니다. 그중 바이욀, 보스콥, 오피, 멜로즈, 리샤르, 칼빌 같은 사과들은 노르망디에 특화된 사과라고 알려져 있습니다.

1990년까지 클랑샹쉬르오른 마을에서는 매년 브라지예 축제를 열었습니다. 1970년 이 마을의 제빵사였던 에밀 루셀이 레시피를 인수해 '쿠인아만Kouign-Amann'처럼 버터와 설탕을 첨가한 레시피로 개량하여 특허를 출원했습니다. 지금도 클랑샹쉬르오른 마을에 가면 '브라지예 드 클랑샹Brasillé de Clinchamps'이라는 이름의 그의 가게를 만날 수 있습니다.

본 책에서는 푀이테 반죽을 이용해 만드는 브라지예를 소개하겠습니다.

프랑스에는 수천 종의 사과가 있다고 알려져 있다.
철마다 달라지는 사과를 구경하는 재미도 쏠쏠하다.

Ingrédient

푀이테 반죽 500g

박력분 125g
강력분 125g
무염버터A 22g
우유 60g
물 60g
소금 5g
무염버터B 200g

≈ Pâte feuilletée

1 볼에 체 친 박력분, 강력분, 차가운 상태의 버터A를 넣고 믹싱해줍니다.

2 차가운 상태의 우유, 물, 소금을 넣고 믹싱해줍니다.

3 어느 정도 섞이면 반죽해 한 덩어리로 만들어줍니다.

4 반죽 중앙에 십자로 칼집을 내어 랩핑한 후 냉장실에서 하루 동안 휴지시켜줍니다.

5 휴지가 끝난 반죽은 가로 15cm, 세로 18cm 크기의 버터B가 감싸질 크기의 사각형 모양으로 밀어줍니다.

6 반죽에 버터B를 대각선으로 올린 후 감싸줍니다.

7 버터가 새어나오지 않도록 손으로 반죽을 고정시켜줍니다.

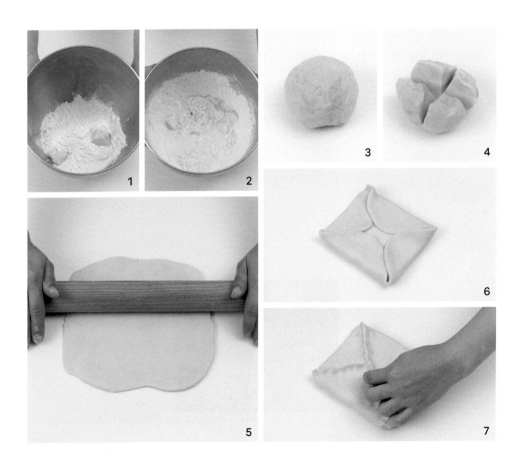

8 버터와 반죽이 고정되도록 밀대로 가볍게 쳐줍니다.

9 밀대로 위, 아래 부분을 꾹꾹 눌러 한 번 더 고정시키고 반대로 돌려 동일하게 고정시켜줍니다.

10 5mm 두께의 직사각형 모양으로 밀어줍니다.

11 아래에서 위로 1/3 정도 접어줍니다.

12 접힌 부분을 따라 위에서 아래로 겹쳐 접어줍니다(3절 접기 1회).

13 위, 아래 부분을 손으로 눌러 고정시켜줍니다.

14 ⑩~⑬ 과정과 동일하게 3절 접기를 5회 더 반복(총 6회)한 후 냉장실에서 3시간 이상 휴지시켜줍니다.

15 휴지가 끝난 푀이테 반죽은 3mm 두께로 밀어준 후 가로세로 25cm의 정사각형 모양으로 잘라줍니다.

16 랩핑한 후 냉장실에서 1시간 동안 휴지시켜줍니다.

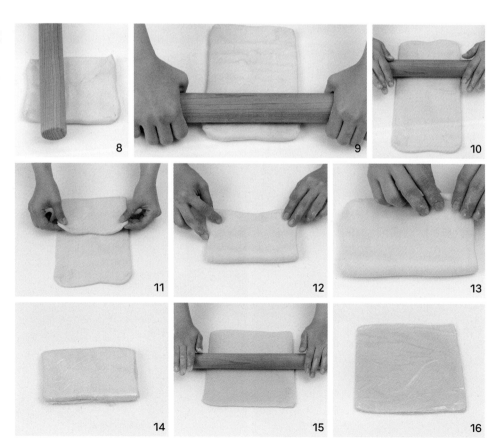

Ingrédient

사과 볶음

무염버터 40g
사과 3개
카소나드 50g

≈ Pommes sautées

17 냄비에 버터를 넣고 가열해줍니다.

18 1.5cm 크기로 깍뚝썰기한 사과와 카소나드를 넣고 사과가 투명해질 때
까지 익혀줍니다. 익힌 사과는 체에 받쳐 식혀줍니다.

≈ Finition

19 휴지가 끝난 반죽은 냉장실에서 꺼내 철판에 올려준 후 한 쪽에 완전히
식힌 사과를 올려줍니다.

20 가장자리에 달걀물을 발라줍니다.

21 반죽의 한쪽으로 사과를 덮고 가장자리를 손으로 살짝 눌러 고정시켜줍
니다.

기타
달걀물 적당량
30보메 시럽 적당량

분량
: 길이 22cm, 폭 11cm
 브라지예 2개

22 달걀물을 얇게 골고루 발라줍니다.

23 빗살무늬로 칼집을 내줍니다.

24 칼을 이용해 군데군데 수증기가 나갈 구멍을 내줍니다. 175℃로 예열된
   오븐에서 40분간 구운 후 30보메 시럽(물 100g + 설탕 135g)을 얇게
   골고루 발라 완성합니다.

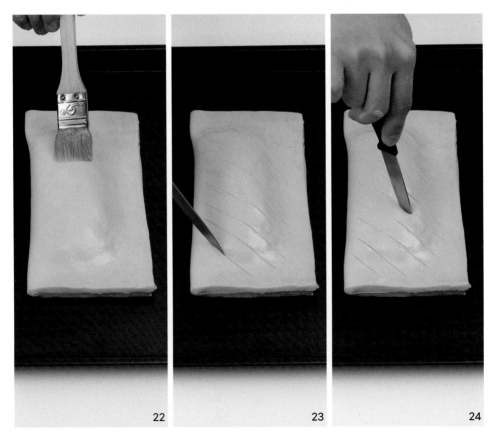

22   23   24

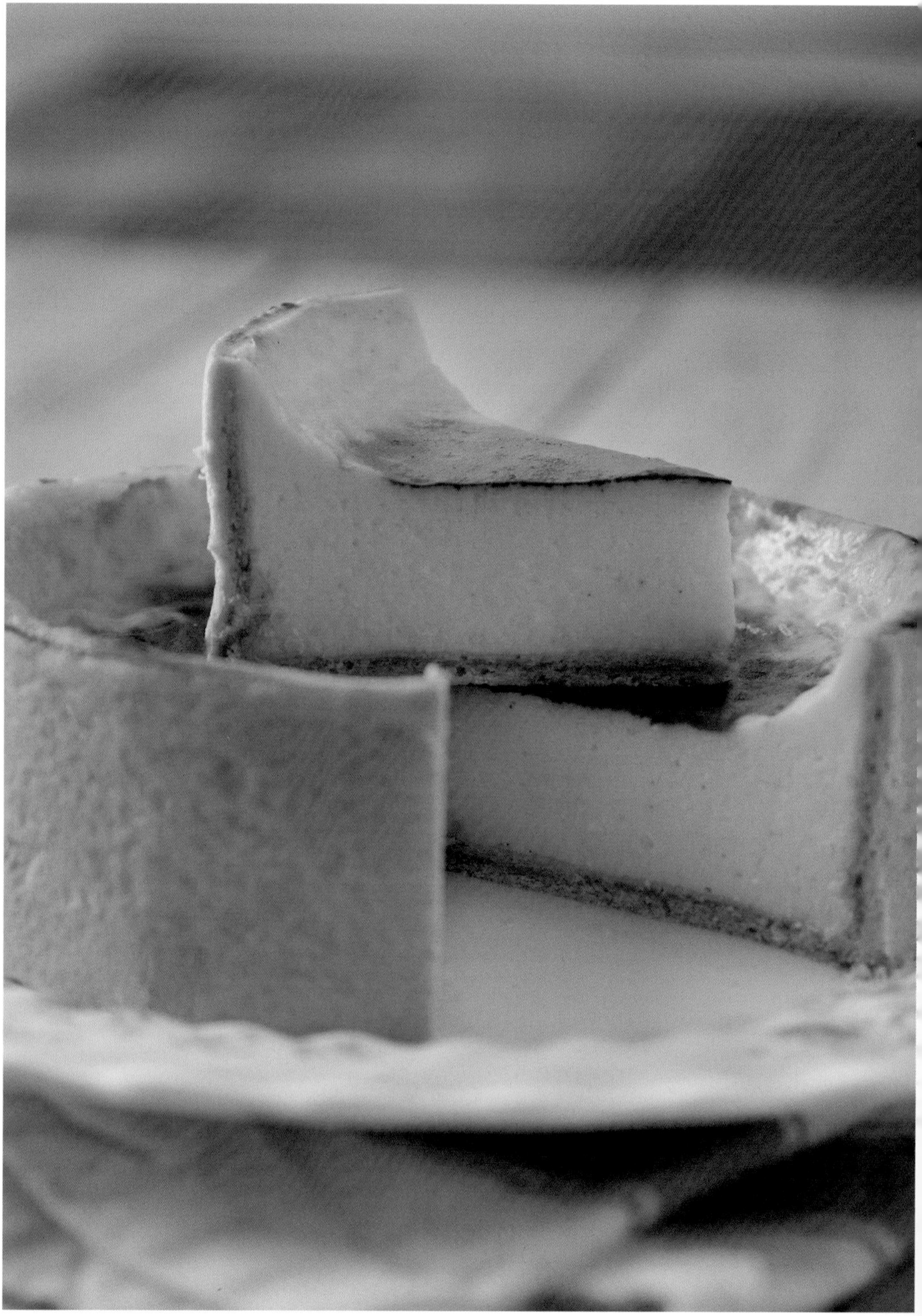

'플랑Flan'은 브리제 반죽 속에 파티시에 크림을 채워 굽는 프랑스에서 매우 대중적인 과자입니다. 파리에는 크림을 넣어 부드럽게 구워낸 플랑 아 라 크렘이 있고 노르망디Normandie에는 사과를 올려 굽는 '플랑 드 루앙Flan de Rouen'이 있습니다. 그 외에도 파티시에 크림이 올라간 반죽에 과일이나 초콜릿 등을 섞어 다양하게 만들어 먹기도 합니다.

플랑 속 파티시에 크림은 고대 로마시대부터 존재했지만 제과에서 단맛이 나는 크림으로 많이 사용하기 시작한 것은 중세시대부터입니다. 프랑스에는 14세기 플랑에 관한 기록이 남아있는데, 1399년 영국 헨리왕의 대관식에서 플랑(커스터드 타르트)을 제공한 사실을 보면 이 무렵 플랑이 영국에서 프랑스로 전해진 것으로 추측할 수 있습니다.

플랑과 비슷한 형태의 과자는 세계 곳곳에서 찾아볼 수 있습니다. 포르투갈의 '파스텔 드 나따 Pastel de Nata', 이탈리아의 '파스티쳐토Pasticciotto', 중국의 '단 타Dan ta' 등이 있으며 나라마다 만드는 방법도 조금씩 다릅니다. 포르투갈의 파스텔 드 나따는 설탕을 많이 넣고 아주 높은 고온에 굽고, 중국의 단 타는 연유를 넣어 굽습니다. 영국의 커스터드 타르트는 크림에 설탕을 적게 넣고 저온에 굽고, 프랑스의 플랑은 브리제 반죽에 우유와 옥수수전분을 넣고 끓인 파티시에 크림을 채워 굽습니다. 굽는 크기도 조금씩 다른데, 포르투갈과 중국에서는 혼자 먹을 수 있는 작은 크기로, 영국과 프랑스에서는 함께 나누어 먹을 수 있는 큰 크기로 구워냅니다.

프랑스 제과점에서
쉽게 볼 수 있는 플랑

사과를 넣고 구운
'플랑 오 폼므(Flan aux pommes)'

Ingrédient

파티시에 크림 450g

우유 300g
달걀노른자 60g
설탕 75g
강력분 30g
바닐라빈 1/4개

≈ Crème pâtissière

1 냄비에 우유를 넣고 가장자리가 살짝 끓어오를 때까지 가열해줍니다.

2 볼에 달걀노른자를 넣고 가볍게 풀어줍니다.

3 설탕을 넣고 섞어줍니다.

4 체 친 강력분을 넣고 섞어줍니다.

5 바닐라빈을 넣고 반죽에 공기가 들어가 뽀얗게 될 때까지 섞어줍니다.

6   가열한 우유를 세 번에 나눠 넣어가며 재빨리 섞어줍니다.

7   다시 냄비에 넣은 후 불에 올려 저어주면서 바닥부터 보글보글 끓어오 를 때까지 가열해줍니다.

8   불에서 내려 바닥에 눌어붙지 않도록 잘 저어줍니다.

9   체에 걸러줍니다.

10   랩을 씌운 팬에 넓게 펼쳐 담고 공기가 들어가지 않도록 밀착 랩핑한 후 냉장실에서 10℃ 이하로 온도가 내려갈 때까지 재빨리 식혀줍니다.

Ingrédient

브리제 반죽(31p) 300g

박력분 250g
무염버터 125g
달걀노른자 20g
소금 5g
물 40g

≈ Pâte brisée

11 휴지가 끝난 차가운 상태의 브리제 반죽을 두께 4mm, 지름 30cm의 원형으로 밀어줍니다.

≈ Finition

12 반죽이 찢어지지 않도록 주의하면서 지름 15cm의 원형 틀에 헐겁게 앉혀줍니다.

13 가장자리 반죽의 두께가 일정하도록 바닥과 옆면을 눌러 고정시켜줍니다.

14 밀대로 반죽의 윗면을 정리해줍니다.

15 두꺼운 부분을 손으로 눌러 정리한 후 칼로 반죽의 윗면을 정리해줍니다.

16 틀보다 조금 크게 자른 유산지를 옆면-바닥 순서로 고정시켜줍니다.

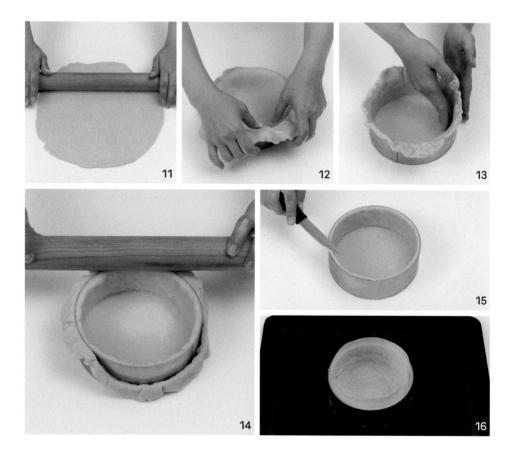

기타
달걀물 적당량

분량
: 높이 6cm, 지름 15cm
 무스링 1개

17 누름돌을 넣고 175℃로 예열된 오븐에서 20분간 구운 후, 누름돌과 유산지를 제거하고 20분간 더 구워줍니다.

18 달걀물을 얇게 골고루 바른 후 1분간 더 구워줍니다.

19 파티시에 크림을 냉장실에서 꺼낸 후 휘퍼를 이용해 잘 풀어 타르트 안에 채우고 표면을 평평하게 정리합니다.

20 200℃로 예열된 오븐에서 윗면이 갈색이 될 때까지 10분간 더 구워 완성합니다. 완성된 플랑 아 라 크렘은 충분히 식힌 후 잘라줍니다.

▰ 10 ▰ 퓌 다무르

'사랑의 우물'이라는 뜻을 가진 퓌 다무르는 일드프랑스Île-de-France의 과자로, 뱅상 라 샤펠이라는 요리사가 1742년 펴낸 『Le Cuisinier Moderne(현대 요리사)』라는 책에 처음 소개되었습니다. 책에 실린 퓌 다무르는 지금 것과 다르게 푀이테 반죽 속에 그로제유 잼을 채워넣어 구웠습니다.

퓌 다무르는 루이 15세의 애첩이었던 퐁파두르 부인의 전속 요리사였던 뱅상 라 샤펠이 퐁파두르 부인을 위해 만든 것으로, 루이 15세의 저녁 식탁에도 올라갈 정도로 사랑받았다고 합니다.

퓌 다무르는 푀이테 반죽 또는 브리제 반죽 속에 파티시에 크림을 채우고 설탕을 뿌려 캐러멜화해 완성합니다. 지금도 파리에서 가장 오래된 '스토레르Stohrer'나 낭시Nancy의 '알랑 바트Alain Batt'에서 퓌 다무르를 쉽게 찾아볼 수 있습니다. 스토레르의 퓌 다무르는 브리제 반죽 속에 파티시에 크림을 넣은 형태로 판매되고 있으며, 알랑 바트의 퓌 다무르는 푀이테 반죽 위에 슈 반죽을 짠 뒤 그 속에 파티시에 크림을 채워넣은 변형된 형태로 판매되고 있습니다.

'스토레르'의 퓌 다무르

엑상프로방스에서 만난
퓌 다무르라는 이름의 케이크

Ingrédient

푀이테 반죽(46p) 500g
박력분 125g
강력분 125g
무염버터A 22g
우유 60g
물 60g
소금 5g
무염버터B 200g

기타
달걀물 적당량

≈ Pâte feuilletée

1   3절 접기 6회를 끝낸 푀이테 반죽을 2등분한 후 두께 3mm, 가로세로 16cm의 정사각형 모양으로 2장 밀어줍니다.

2   각각 랩핑한 후 냉장실에서 2시간 휴지시켜줍니다.

≈ Finition

3   휴지가 끝난 반죽을 각각 가로세로 15cm의 정사각형 모양으로 재단한 후 1장의 중앙은 가로세로 13cm의 정사각형 모양으로 잘라냅니다. 냉장실에서 두 장 모두 1시간 더 휴지시킨 후 달걀물을 발라 붙여줍니다. 칼로 가장자리에 무늬를 내고 표면에 달걀물을 한 번 더 얇게 골고루 발라줍니다.

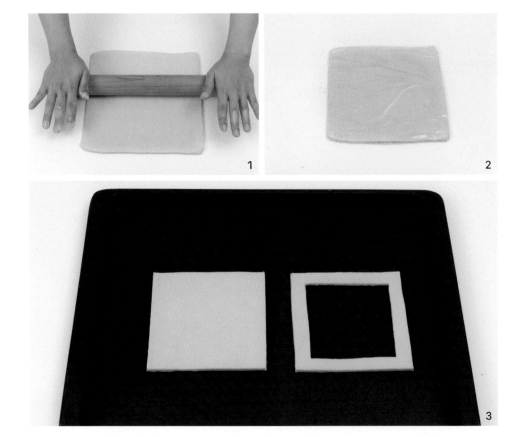

파티시에 크림(52p) 250g

우유 200g
달걀노른자 40g
설탕 50g
강력분 20g
바닐라빈 1/5개

기타
설탕 적당량

분량
: 가로세로 13cm 정사각형
 퓌 다무르 1개

4 180℃로 예열된 오븐에서 20분간 구운 후 꺼내 중앙을 가볍게 눌러주고
   20분간 더 구워 완벽한 구움색을 냅니다.

5 구워져 나온 반죽의 빈 공간에 파티시에 크림을 채워줍니다.

6 파티시에 크림 위에 설탕을 골고루 뿌려줍니다.

7 토치나 인두로 그을려 완성합니다.

프랑스는 세계적인 자전거 경주 대회가 열리는 곳으로도 유명합니다. 세계 3대 자전거 경주 중 하나인 투르 드 프랑스는 1903년 개최된 뒤 제1차와 제2차 세계대전으로 인해 중단됐던 시기를 제외하고 매년 열렸습니다. 그리고 파리브레스트는 1890년 파리와 브레스트Brest 사이에서 열린 첫 '파리-브레스트-파리 자전거 경주'를 기념하게 위해 자전거 바퀴 모양으로 만든 과자입니다. 참고로 이 경주는 파리-브레스트-파리까지 1,200km를 90시간 안에 완주해야 합니다. 투르 드 프랑스와 별개인 이 경주는 처음에는 프로들만 참가할 수 있었지만 지금은 아마추어도 참가할 수 있으며 4년마다 개최되어 프랑스에서 가장 오래된 자전거 경주로 알려져 있습니다.

파리브레스트는 파리 옆에 위치한 도시 메종라피트Maisons-Laffitte에 살던 루이 뒤랑이라는 제과사가 만들었습니다. 그는 경주에 참가하는 선수들을 위해 열량 높은 과자를 만들어줄 것을 요청받았고 자전거 경주를 기념하는 뜻에서 프랄린 버터 크림을 채운 바퀴 모양 과자를 고안했습니다. 지금도 메종라피트에 있는 루이 뒤랑의 제과점 '파티스리 뒤랑Pâtisserie Durand'에서는 파리브레스트를 판매합니다. 투박하고 커다란 모양이 정말 자전거 바퀴를 연상시킵니다.

파리 '세드릭 그롤레 (Cédric Grolet)'
제과점의 파리브레스트.
지금은 헤이즐넛 프랄린 이외에도
다양한 견과류를 이용한 파리브레스트가
만들어지고 있다.

Ingrédient

슈 반죽 200g
우유 125g
물 125g
무염버터 112g
소금 5g
박력분 150g
달걀전란 220g

≈ Pâte à choux

1 냄비에 우유, 물, 버터, 소금을 넣고 버터가 녹을 때까지 가열해줍니다.

2 체 친 박력분을 넣고 볶듯이 섞어줍니다.

3 약불에서 계속 저어가며 냄비 바닥에 하얀 막이 생길 때까지 익혀줍니다.

4 반죽을 볼에 옮겨 주걱으로 저어가며 한 김 식혀줍니다.

5 미리 풀어둔 달걀전란을 다섯 번 정도 나누어 넣어가며 잘 섞어줍니다.

6 반죽에 윤기가 돌고 주걱으로 떨어뜨렸을 때 주걱에 역삼각형으로 반죽이 남으면 완성입니다.

기타
달걀물 적당량
슬라이스 아몬드 적당량

7 슈 반죽을 지름 1cm 깍지를 끼운 짤주머니에 담아 지름 10cm의 원형으로 파이핑해줍니다.

8 ⑦의 반죽 안쪽에 붙여서 한 번 더 원형으로 파이핑해줍니다.

9 ⑥과 ⑦ 반죽의 중앙 위에 한 번 더 원형으로 파이핑해줍니다.

10 달걀물을 얇게 골고루 바르며 모양을 정돈해줍니다.

11 슬라이스 아몬드를 골고루 뿌려줍니다.

12 175도℃로 예열된 오븐에서 30분간 구워줍니다.

Ingrédient

무슬린 크림

파티시에 크림(52p) 150g
무염버터 150g
이탈리안 머랭(292p) 150g
헤이즐넛 프랄리네 50g

≈ Crème mousseline au praliné

13 볼에 파티시에 크림과 말랑한 상태의 버터를 넣고 섞어줍니다.

14 이탈리안 머랭을 넣고 가볍게 섞어줍니다.

15 헤이즐넛 프랄리네를 넣고 섞어 무슬린 크림을 완성합니다.

13

14

15

기타

슈거파우더 적당량

분량

: 지름 11cm 파리브레스트
 3개

≈ Finition

16 ⑫를 반으로 잘라줍니다.

17 무슬린 크림을 별 깍지를 끼운 짤주머니에 담아 동그랗게 파이핑해줍니다.

18 원을 그리며 크림을 채워줍니다.

19 반으로 자른 반죽으로 크림을 덮고 슈거파우더를 뿌려 완성합니다.

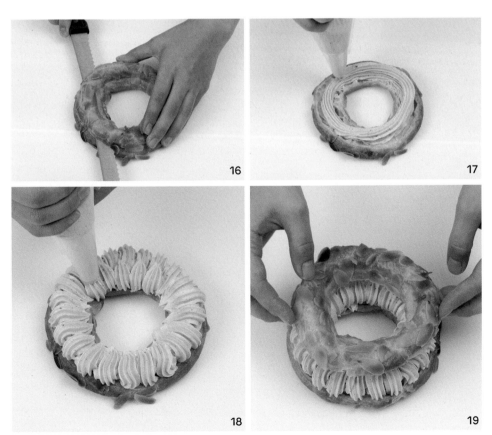

■ 12 ■ 생토노레 *Saint-Honoré*

생토노레는 브리제 반죽 위에 슈 반죽과 시부스트 크림을 올려 완성하는 파리의 향토 과자입니다. 생토노레에 들어가는 시부스트 크림은 시부스트라는 제과사의 이름을 따 만든 크림으로, 파티시에 크림에 머랭을 섞어 만듭니다. 이 시부스트 크림은 생토노레 위에 올려 팔았기 때문에 생토노레 크림이라 부르기도 합니다. 깍지가 없었던 당시에는 숟가락으로 크림을 떠서 채워넣었다고 합니다.

생토노레는 시부스트가 1847년에 개발한 과자로, 그의 가게가 있던 파리 생토노레 거리Rue Saint-Honoré의 이름을 따서 만들었다는 이야기도 있고, 제과제빵사의 수호성인 성 오노레에게 바친 과자라서 이런 이름이 붙었다는 이야기도 있습니다.

처음 생토노레는 브리오슈 반죽으로 만들어 팔았지만 시부스트 제과점의 제과사 오귀스트 쥘리앙의 아이디어로 브리오슈 반죽 대신 브리제 반죽을 바닥에 깔고 슈 반죽을 동그랗게 구워 붙이는 지금의 생토노레가 탄생했습니다.

생토노레를 판매하는
오래된 제과점 '스토레르(Stohrer)'

'스토레르'에서 판매하는
생토노레

Ingrédient

브리제 반죽(31p) 200g
박력분 250g
무염버터 125g
달걀노른자 20g
물 40g
소금 5g

슈 반죽(62p) 200g
우유 125g
물 125g
무염버터 112g
소금 5g
박력분 150g
달걀전란 220g

≈ Pâte à choux & brisée

1 휴지가 끝난 차가운 상태의 브리제 반죽을 3mm 두께로 밀어준 후 수증기가 나갈 구멍을 내줍니다.

2 지름 15cm의 원형 틀로 찍어줍니다.

3 슈 반죽을 지름 1cm의 원형 깍지를 끼운 짤주머니에 담아 가장자리에 원을 그리며 파이핑해줍니다.

4 중앙에 십자모양으로 연결하여 파이핑해줍니다.

5 175℃ 오븐에서 25분간 구워줍니다.

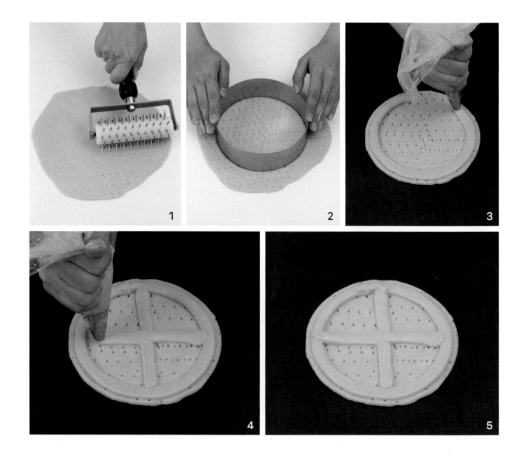

캐러멜
글루코스 4g
물 10g
설탕 100g

기타
달걀물 적당량

6 팬 위에 슈 반죽을 지름 2cm 크기로 파이핑해줍니다.

7 달걀물을 바른 후 175℃ 오븐에서 20분간 구워줍니다.

≈ Caramel

8 냄비에 글루코스, 물, 설탕을 넣고 태워 옅은 갈색의 캐러멜을 만들어줍니다.

9 슈를 재빨리 캐러멜에 담갔다 뺍니다.

10 테프론시트 위에 뒤집어 올려줍니다.

11 캐러멜이 굳으면 시트에서 때어낸 후 바닥 부분에 캐러멜을 묻혀 슈 반죽 위에 붙여줍니다.

시부스트 크림
파티시에 크림(52p) 200g
판 젤라틴 3g
이탈리안 머랭(292p) 200g

≈ Crème Chiboust

12 식혀둔 파티시에 크림을 볼에 넣고 부드러워질 때까지 주걱으로 풀어줍니다.

13 판 젤라틴은 얼음물에 30분간 불린 후 꺼내 중탕으로 완전히 녹여준 다음 파티시에 크림에 넣고 섞어줍니다.

14 이탈리안 머랭을 절반 정도 넣고 가볍게 섞어줍니다.

15 남은 이탈리안 머랭을 넣고 완전히 섞어 마무리합니다.

분량

: 지름 15cm 생토노레 1개

≈ Finition

16 생토노레 깍지를 끼운 짤주머니에 시부스트 크림을 담고 브리제 중앙에 채워줍니다.

17 중앙에 슈를 얹어 완성합니다.

16

17

파리에는 센강 위를 지나는 37개의 다리가 있습니다. 파리에서 가장 아름다운 다리로 손꼽히는 퐁뇌프는 파리 중앙의 시테섬Île de la Cité을 가로지르며 육지와 섬을 이어주는 다리입니다. 시테섬은 파리의 원형으로, 이곳에 사는 사람들을 파리지앵이라 불렀으며 그들이 점차 거주 영역을 넓혀가면서 지금의 파리가 되었습니다.

퐁뇌프가 시테섬을 가로지르는 모양이 십자를 닮아 과자 퐁뇌프에는 십자 모양 장식이 올라갑니다. 만드는 방법은 '탈무즈Talmouse'라는 과자와 비슷한데, 바닥에 푀이테 반죽을 깔고 그 위에 파티시에 크림과 섞은 슈 반죽을 올려 구워냅니다.

나폴레옹 3세의 요리사이자 다양한 요리 서적의 저자였던 구페 줄스의 책에 퐁뇌프가 나오는 것을 보면 19세기에 등장한 과자로 보이지만 정확한 시기와 배경은 알 수 없습니다.

아침과 밤의 퐁뇌프. 영화 <미드나잇 인 파리>에 등장한
다리로도 유명하다.

Ingrédient

푀이테 반죽(46p) 400g

박력분 125g

강력분 125g

무염버터A 22g

우유 60g

물 60g

소금 5g

무염버터B 200g

슈 반죽(62p) 200g

우유 125g

물 125g

무염버터 112g

소금 5g

박력분 150g

달걀전란 220g

≈ Pâte feuilletée

1 3절 접기 6회를 끝낸 푀이테 반죽을 2mm 두께로 밀어 랩핑한 후 냉장실에서 2시간 휴지시켜줍니다.

≈ Finition

2 휴지를 끝낸 반죽은 지름 10cm의 원형 틀로 찍어줍니다.

3 퐁뇌프 틀에 반죽을 헐겁게 앉힌 후 가장자리 반죽의 두께가 일정하도록 바닥과 옆면을 눌러 고정시켜줍니다.

4 칼로 반죽의 가장자리를 정리해줍니다.

5 사과 잼을 적당량 채워줍니다.

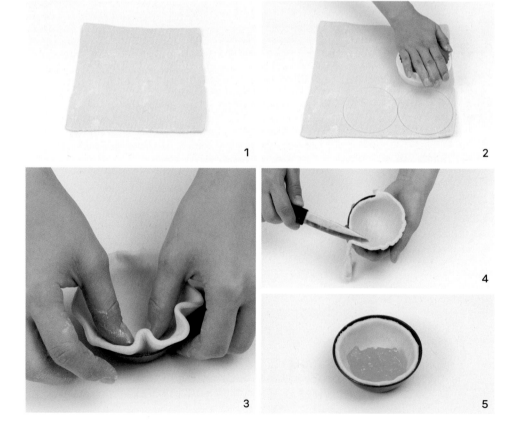

파티시에 크림(52p) 200g

달걀노른자 40g
설탕 50g
강력분 20g
바닐라빈 1/5개
우유 200g

기타

사과 잼 200g
슈거파우더 적당량
레드커런트 잼(30p) 50g

분량

: 지름 7cm, 높이 5cm
  퐁뇌프 6개

6 파티시에 크림을 휘퍼로 잘 풀어준 후 슈 반죽을 넣고 섞어줍니다.

7 원형 깍지를 끼운 짤주머니에 담아 ⑤ 위에 파이핑해줍니다.

8 남은 푀이테 반죽을 2mm 폭으로 잘라 열십자 모양으로 올려줍니다.

9 170℃로 예열된 오븐에서 35분간 구워줍니다.

10 유산지를 이용해 나비 모양으로 슈거파우더를 뿌려줍니다.

11 남은 공간에 레드커런트 잼을 채워 완성합니다.

갈레트 브르통은 브르타뉴Bretagne의 향토 과자입니다. '갈레트Galette'는 프랑스어로 '조약돌'을 뜻하는 '갈레galet'에서 비롯된 이름으로, 옛날에는 불에 달군 조약돌 위에서 구운 반죽을 가리켰습니다. 지금은 원형의 납작한 과자나 반죽을 가리키는데, 프랑스에는 갈레트라는 단어로 시작하는 메뉴들이 많습니다.

브르타뉴에서 갈레트 브르통이라고 하면 메밀가루를 넣고 전처럼 부쳐 먹는 갈레트 또는 버터에 설탕, 밀가루를 넣고 구워 먹는 과자로서의 갈레트를 말합니다. 모두 갈레트 브르통이라 부르지만 현지에서는 주로 메밀 갈레트를 가리킬 때가 많고 우리가 알고 있는 제과의 갈레트 브르통은 '파레 브르통Palet breton'이라는 이름으로 더 많이 불립니다. 모양도 우리가 알고 있는 달걀물을 두껍게 발라 무늬를 낸 형태보다 반죽 그대로 노릇하게만 구워낸 투박한 형태가 더 많습니다.

갈레트라는 이름 자체가 원형의 반죽을 총칭하는 만큼 그 역사도 아주 오래되었기 때문에 갈레트 브르통도 언제부터 생겨났는지는 정확히 알 수 없지만 1890년 비스킷 전문점 '이시도르 팡방 Isidore Penven'에서 만들어 팔기 시작해 대중적인 과자가 되었습니다. 또 브르타뉴는 영국에서 넘어온 켈트족이 정착한 곳으로, 영국에서 전해진 '쇼트브레드Shortbread'가 브르타뉴 환경에 맞게 변형되어 갈레트 브르통이 되었다는 이야기도 있습니다.

갈레트 브르통은 다른 과자에 비해 소금을 많이 넣는 편입니다. 브르타뉴 근처에 소금으로 유명한 게랑드Guérande가 있어 요리나 과자에 게랑드 소금을 넣은 가염버터를 많이 사용하기 때문입니다.

낭트에서 산 갈레트 브르통.
윗면에 달걀노른자를 바르지 않은 것이 더 많다.

Ingrédient

사블레 브르통 반죽

무염버터 150g
소금 1g
슈거파우더 90g
달걀노른자 27g
다크럼 10g
박력분 150g

≈ Pâte sablée bretonne

1 볼에 포마드 상태의 버터, 소금, 체 친 슈거파우더를 넣고 섞어줍니다.

2 달걀노른자와 다크럼을 넣고 섞어줍니다.

3 체 친 박력분을 넣고 날가루가 보이지 않을 때까지 주걱으로 반죽을 가르
듯 섞어줍니다.

≈ Finition

4 테프론시트 위에 반죽을 올린 후 1cm 높이의 각봉을 놓아줍니다.

기타
달걀노른자 적당량

분량
: 지름 7cm, 높이 2cm
  갈레트 브르톤 10개

5 다른 테프론시트를 덮고 밀대로 밀어준 후 냉장실에서 하루 동안 휴지시
  켜줍니다.

6 휴지가 끝난 반죽은 지름 4.5cm의 원형 틀로 찍어줍니다.

7 지름 7cm 갈레트 틀에 넣고 달걀노른자를 얇게 골고루 바른 후 냉장실에
  서 30분간 휴지시켜줍니다.

8 휴지가 끝난 반죽에 다시 달걀노른자를 얇게 골고루 발라준 후 포크를 이
  용해 무늬를 냅니다. 160℃로 예열된 오븐에서 40분간 구워 완성합니다.

양배 씨의 한마디

낭트에서 만난 갈레트 브르톤처럼 반죽 표면에 달걀노른자를 바르지 않
고 구워보세요. 달걀노른자를 바른 갈레트 브르톤과는 다른 식감을 느낄
수 있어요.

5

6

7

8

Far breton

클라푸티 반죽과도 비슷한 파르 브르통은 버터와 설탕을 바른 틀에 건자두를 놓고 반죽을 넣어 태우듯 굽는 것이 특징입니다. 파르 브르통은 밀가루나 메밀가루를 넣고 죽처럼 끓여 먹던 반죽에서 기인한 과자로, '파르far'는 라틴어로 '밀'을 뜻합니다.

파르 브르통에 관한 자세한 기록은 18세기부터 등장합니다. 처음에는 단맛이 아닌 간 고기가 들어간 짠맛이 나는 반죽이었지만 조리법이 발전하면서 설탕과 건과일을 넣어 단맛을 내는 과자로 변형되었습니다. 짠맛이 나는 파르 브르통은 밀가루 대신 메밀가루를 넣어 반죽하는데, 밀이 생산되지 않는 토지의 특성과 비싼 밀가루 값의 영향으로 밀가루 대신 메밀을 키워 주식에 사용했던 것으로 보입니다. 단맛이 나는 파르 브르통에도 가끔 메밀을 넣어 반죽했다고 합니다.

19세기가 되어서야 농사를 위한 비료가 공급되기 시작하면서 밀 재배가 활발해졌습니다. 이때쯤 많은 사람들이 화덕을 가정에 두거나 마을에 공동 화덕이 설치되기 시작했습니다. 밀가루가 풍부해지고 화덕 사용이 용이해지자 밀가루를 넣어 반죽한 파르 브르통은 더욱 대중적인 음식이 되었습니다.

파르 브르통에는 브르타뉴Bretagne의 특산물이 아닌 아쟁Agen산 건자두가 들어갑니다. 그 이유는 장기간 배를 타는 선원이 많은 브르타뉴에서 오래 보관할 수 있고, 괴혈병 예방에 효과적인 비타민 C가 풍부한 자두를 많이 소비했기 때문입니다. 지금은 자두 이외에 사과, 체리 등 다양한 재료를 넣어 만든 파르 브르통이 판매되고 있습니다.

사각형으로 구워 판매되는 파르 브르통

Ingrédient

박력분 135g
설탕 100g
소금 1g
달걀전란 130g
우유 300g
생크림 300g
다크럼 5g

1 볼에 체 친 박력분, 설탕, 소금을 넣고 가볍게 섞어줍니다.

2 달걀전란, 우유, 생크림을 넣고 섞어줍니다.

3 다크럼을 넣고 섞어줍니다. 반죽에 덩어리가 있을 경우 체에 한번 내려줍니다.

기타

무염버터 적당량

설탕 적당량

건자두 140g

분량

: 지름 18cm 도기 1개

4 오븐용 도기에 말랑한 상태의 버터를 넉넉하게 발라줍니다.

5 설탕을 듬뿍 뿌린 후 도기를 돌려가며 틀 안쪽에 골고루 묻혀줍니다.

6 건자두를 올려줍니다.

7 반죽을 담아줍니다.

8 작은 크기로 쪼갠 버터를 올려줍니다.

9 180℃로 예열된 오븐에서 40분간 구워 완성합니다.

양배 씨의 한마디

더 진한 풍미를 위해 술(럼)에 절인 건자두를 넣어보는 것도 좋은 방법이에요.

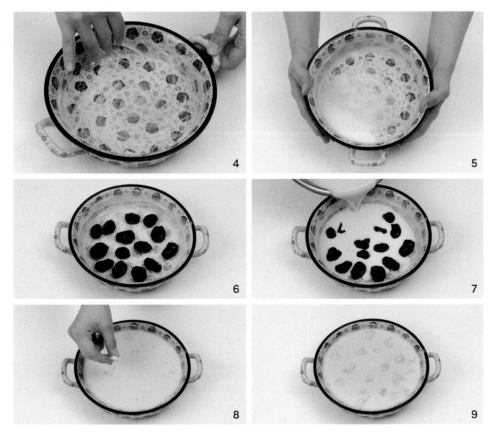

크레프는 브르타뉴Bretagne뿐만 아니라 프랑스 전역에서 쉽게 찾아볼 수 있는 대중적인 과자입니다. 고대 그리스에서부터 먹던 음식으로, 지금은 프랑스를 비롯해 세계 곳곳에 다양한 이름과 형태로 존재합니다. 그중 프랑스의 크레프는 라틴어 '크리스파crispa'에서 왔으며 '주름이 진'이라는 뜻을 가지고 있습니다.

프랑스와 벨기에에서는 2월 2일 성촉절에 크레프를 만들어 먹는데, 지역마다 크레프에 관한 재미있는 미신이 있습니다. 브르타뉴에서는 한 손에 동전을 쥐고 다른 손에 팬을 쥔 뒤 크레프를 던져 올리면 그 해에 행운이 깃든다고 믿고, 브르고뉴Bourgogne에서는 장롱 위에 크레프 한 장을 올려두어야 그 해에 쓸 돈이 부족하지 않다고 믿습니다. 또 크레프를 만들다 떨어뜨리는 사람에게는 불운이 찾아온다는 미신은 어느 곳이나 공통된 것 같습니다. 실제로 나폴레옹은 1812년 2월 2일 성촉절에 전투를 앞두고 크레프로 승리를 점쳤다는 이야기도 있습니다.

브르타뉴는 밀이 잘 자라지 않는 토양이라 이슬람에서 넘어온 메밀 농사를 지었기 때문에 식사용으로 먹는 '크레프 살레(갈레트)Crêpe salée'에는 메밀가루를 넣어 구웠습니다. 그러다 19세기 교통이 편리해지면서 비료 공급이 원활해져 비로소 밀가루를 생산할 수 있었습니다. 파리 어디서든 거리를 걷다보면 '크레프리Crêperie'라고 적힌 크레프 전문점에서 식사용 크레프(갈레트)와 디저트용 크레프를 만날 수 있습니다.

프랑스에서 크레프를 주문하면 다양한 과일과 소스가 올려진 모습을 볼 수 있습니다. 그중 가장 유명한 것이 '크레프 쉬제트Crêpe suzette'입니다. 전해지는 이야기에 따르면 19세기 영국 에드워드 황태자의 전담 요리사가 오렌지, 레몬, 설탕, 버터, 리큐어 등을 첨가한 소스를 개발해 어느 식사 자리에 선보였는데, 모두가 좋아해 그 자리에 동석했던 쉬제트라는 여성의 이름을 따 크레프 쉬제트라 이름 붙였다고 합니다.

프랑스에서는 '크레프리'라고 적힌 간판들을 흔하게 볼 수 있다. 크레프리에서는 식사용 갈레트와 디저트용 크레프를 함께 파는데, 보통 식사용 갈레트는 메밀가루를 넣어 굽고 디저트용 크레프(Galette sucrée)는 밀가루로 반죽한다. 사진은 메밀가루로 만든 식사용 갈레트다.

Ingrédient

크레프 반죽

박력분 255g
설탕 30g
소금 1g
우유 330g
바닐라빈 1/6개
다크럼 5g
달걀전란 30g
녹인 무염버터 40g

≈ Pâte à crêpes

1 볼에 체 친 박력분, 설탕, 소금을 넣고 가볍게 섞어줍니다.

2 우유, 바닐라빈, 다크럼을 조금씩 넣어가며 섞어줍니다.

3 달걀전란을 넣고 섞어줍니다.

4 뜨겁게 녹인 버터를 넣고 섞은 후 냉장실에서 하루 동안 휴지시켜줍니다.

기타

무염버터 적당량

분량

: 지름 18cm 크레프 20장

≈ Finition

5 약불에서 팬을 뜨겁게 달군 후 버터로 얇게 코팅해줍니다.

6 휴지가 끝난 반죽을 한 국자 떠서 부어줍니다.

7 팬을 돌려가며 반죽을 얇게 펼쳐줍니다. 반죽이 고르게 익어 바닥 면이 노릇해지면 장갑을 낀 손으로 반죽을 뒤집어줍니다.

8 반죽의 양면이 모두 노릇해질 때까지 구워 완성합니다. 취향에 따라 잼이 나 크림 등을 곁들여 먹습니다.

■ 17 ■ 비스퀴 로즈 드 랭스　　　　　*Biscuit rose de Reims*

비스퀴 로즈 드 랭스는 17세기부터 샹파뉴Champagne에서 만들어 먹기 시작한 지역 특산품으로, 1690년 어느 제빵사가 화덕에 빵을 구운 뒤 남은 열을 어떻게 활용할지 고민하다 만들어진 과자입니다. '비스퀴(bis : 두 번, cuit : 구운)Biscuit'는 말 그대로 반죽을 두 번 구워 완전하게 건조시킨 것을 말합니다. 원래는 흰색이었지만 제품으로서의 매력을 더하기 위해 천연 붉은 색소를 넣어 분홍빛으로 굽기 시작했습니다. 건조시킨 과자는 샴페인에 찍어 부드럽게 만든 뒤 먹습니다.

'메종 포시에Maison Fossier'는 랭스Reims에서 1756년부터 비스퀴 로즈 드 랭스를 판매한 프랑스에서 가장 오래된 제과 회사입니다. 마지팬, 마카롱, 진저 쿠키 등을 판매하고 있으며 이 회사의 명물인 비스퀴 로즈 드 랭스는 전체 생산의 45%를 차지합니다.

제가 프랑스 향토 과자 공부를 시작하면서 처음 만든 것이 바로 비스퀴 로즈 드 랭스입니다. 모양도 색도 너무 예뻐 잔뜩 기대하고 만들었지만 '옛날 과자는 정말 옛날 맛이구나' 하고 깨달았던 과자이기도 합니다. 그래도 분위기를 살려 먹어보겠다고 샴페인에 찍어 먹었는데, 과자가 술을 흠뻑 빨아들여 코를 찡긋하며 먹었던 기억이 납니다. 그 뒤로는 제 입맛에 맞게 만드는 법과 적당히 찍어 먹는 법 등을 터득하기 시작했고 그쯤이 제가 향토 과자를 즐기기 시작했던 때였습니다.

프랑스 식료품점에서 쉽게 만날 수 있는 비스퀴 로즈 드 랭스

Ingrédient

비스퀴 반죽

달걀노른자 60g
설탕 160g
달걀흰자 80g
식용색소 적당량
박력분 110g
옥수수전분 20g

≈ Pâte à biscuits

1 볼에 달걀노른자, 설탕을 넣고 거품이 뽀얗게 올라올 때까지 고속으로 휘 핑해줍니다. 휘퍼를 들어올려 반죽을 떨어뜨렸을 때 반죽 자국이 잠깐 동 안 남았다 없어지는 정도가 좋습니다.

2 달걀흰자를 조금씩 넣어가면서 고속으로 휘핑합니다. 휘퍼를 들어올려 반죽을 떨어뜨렸을 때 반죽 자국이 머무는 정도가 좋습니다.

3 붉은색 식용색소를 넣고 휘핑해 핑크색으로 만들어줍니다.

4 체 친 박력분과 옥수수전분을 넣고 섞어줍니다.

기타

녹인 무염버터 적당량

강력분 적당량

옥수수전분 적당량

슈거파우더 적당량

분량

: 가로 4cm, 세로 9cm, 높이 3cm

　비스퀴 로즈 드 랭스 12개

≈ Finition

5　틀 안쪽에 녹인 버터를 골고루 바른 후 강력분을 뿌렸다가 털어냅니다.

6　반죽을 틀에 80% 정도 채워줍니다.

7　1:1 비율로 섞어둔 옥수수전분과 슈거파우더를 골고루 뿌려준 후 상온에서 30분간 건조시켜줍니다.

8　180℃로 예열된 오븐에서 15분간 구운 후 틀에서 꺼내 식힘망에서 식혀 완성합니다.

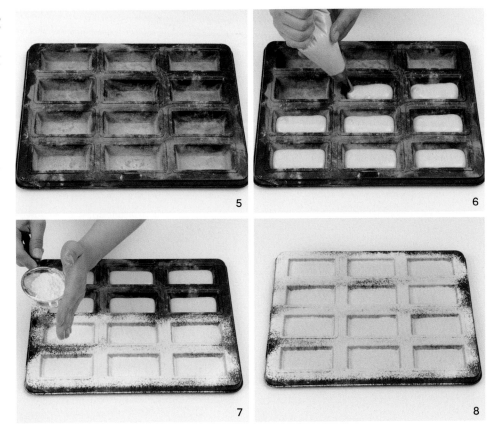

■ 18 ■ 마들렌 드 코메르시   *Madeleine de Commercy*

마들렌 드 코메르시는 프랑스 동북부 로렌Lorraine 지방 코메르시Commercy의 전통 과자로, 제누아즈 반죽에 잘게 썬 아몬드와 레몬제스트를 넣고 굽는 것이 특징입니다.

'마들렌Madeleine'에는 여러 가지 탄생 설이 있습니다. 로렌공의 연회에서 담당 제과사가 도망가자 근처에 있던 농부의 딸이 급하게 구운 과자라는 이야기, 항해로 순례를 떠났던 마들렌이라는 순례자가 스페인에서 레시피를 가져왔다는 이야기, 로렌을 지나는 순례자들에게 마들렌이라는 이름의 제과사가 조개 모양의 틀에 과자를 구워 제공했다는 이야기도 있습니다. 제법 신뢰받는 이야기 중 하나는 로렌공이었던 스타니슬라스 1세의 요리사 마들렌 폴미에가 조개 모양의 과자를 만들었다는 것입니다. 이를 맛본 로렌공의 사위가 아내 마리아에게 이 과자를 소개했고 마리아가 파리 베르사유 궁전에 이 과자를 가져가면서 왕족들이 사랑하게 되었다는 이야기입니다.

탄생 설이 많은 것처럼 마들렌은 그 종류도 다양하고 '마카롱Macaron'과 마찬가지로 지역마다 조금씩 다른 맛과 형태로 존재합니다. 마들렌 드 코메르시는 가벼운 식감에 레몬 향이 나는 것이 특징이고, '마들렌 드 닥스Madeleines de Dax'는 아몬드가루와 달걀흰자를 이용해 마카롱과 마들렌의 중간 같은 느낌을 주는 것이 특징입니다. 지금은 마들렌의 배꼽을 중요하게 생각하지만 오리지널 마들렌 드 코메르시는 달걀이 많이 들어가기 때문에 배꼽이 아주 볼록한 편은 아닙니다.

마들렌 드 코메르시도 여러 레시피가 전하지만 제가 가지고 있는 피에르 라캉의 『Mémorial de la pâtisserie(제과에 대한 기념서)』라는 책에 나오는 것은 밀가루, 설탕, 달걀을 먼저 섞은 뒤 따뜻한 상온에서 10분 정도 휴지시키고 버터를 넣어 만듭니다. 모양이 단단하게 잘 잡히고 속은 촉촉한 마들렌을 만들기 위함이라고 설명되어 있습니다. 일본에서 '오봉뷰탕Au bon vieux temps'을 운영하는 카와타 카츠히코 오너 셰프의 책『'オーボンヴュータン' 河田勝彦のフランス郷土菓子(프랑스 지역 향토과자)』에 소개된 마들렌 드 코메르시도 맛있습니다. 달걀 거품을 올려 재료를 섞는 방식으로, 부드러운 식감이 차와 참 잘 어울립니다. 저는 피에르 라캉의 오래된 레시피에 베이킹파우더와 레몬제스트를 첨가해 만들어보았습니다.

마트에서 살 수 있는
마들렌 드 코메르시

파리에서 만난 다양한 모양의
마들렌

Ingrédient

마들렌 반죽

달걀전란 112g

설탕 125g

박력분 125g

베이킹파우더 3g

녹인 무염버터 125g

레몬제스트 적당량

≈ Pâte à madeleine

1 볼에 달걀전란과 설탕을 넣고 섞어줍니다.

2 체 친 박력분과 베이킹파우더를 넣고 섞어줍니다.

3 50℃ 정도로 따뜻하게 녹인 버터를 넣고 섞어줍니다.

4 레몬제스트를 넣고 섞어줍니다.

5 냉장실에서 1시간 휴지시켜줍니다.

기타
녹인 무염버터 적당량
강력분 적당량

분량
: 길이 8cm
  마들렌 드 코메르시 15개

≈ Finition

6   틀 안쪽에 녹인 버터를 골고루 바른 후 강력분을 뿌렸다가 털어냅니다.

7   휴지가 끝난 반죽을 틀에 90% 정도 채워줍니다.

8   220℃로 예열된 오븐에서 5분간 구운 후 170℃로 낮춰 5분 더 구워 완성
    합니다. 구워져 나온 마들렌은 틀에서 꺼내 식혀줍니다.

양배 씨의 한마디

동일한 배합으로 작업 순서만 바꿔도 다른 식감을 낼 수 있어요. 달걀
전란에 설탕을 넣고 공기 포집을 한 후 나머지 재료를 섞으면 더 가벼
운 식감의 마들렌 드 코메르시를 맛볼 수 있답니다.

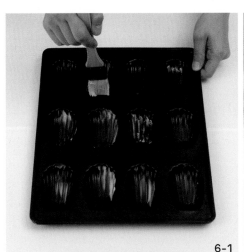

6-1

6-2

7

8

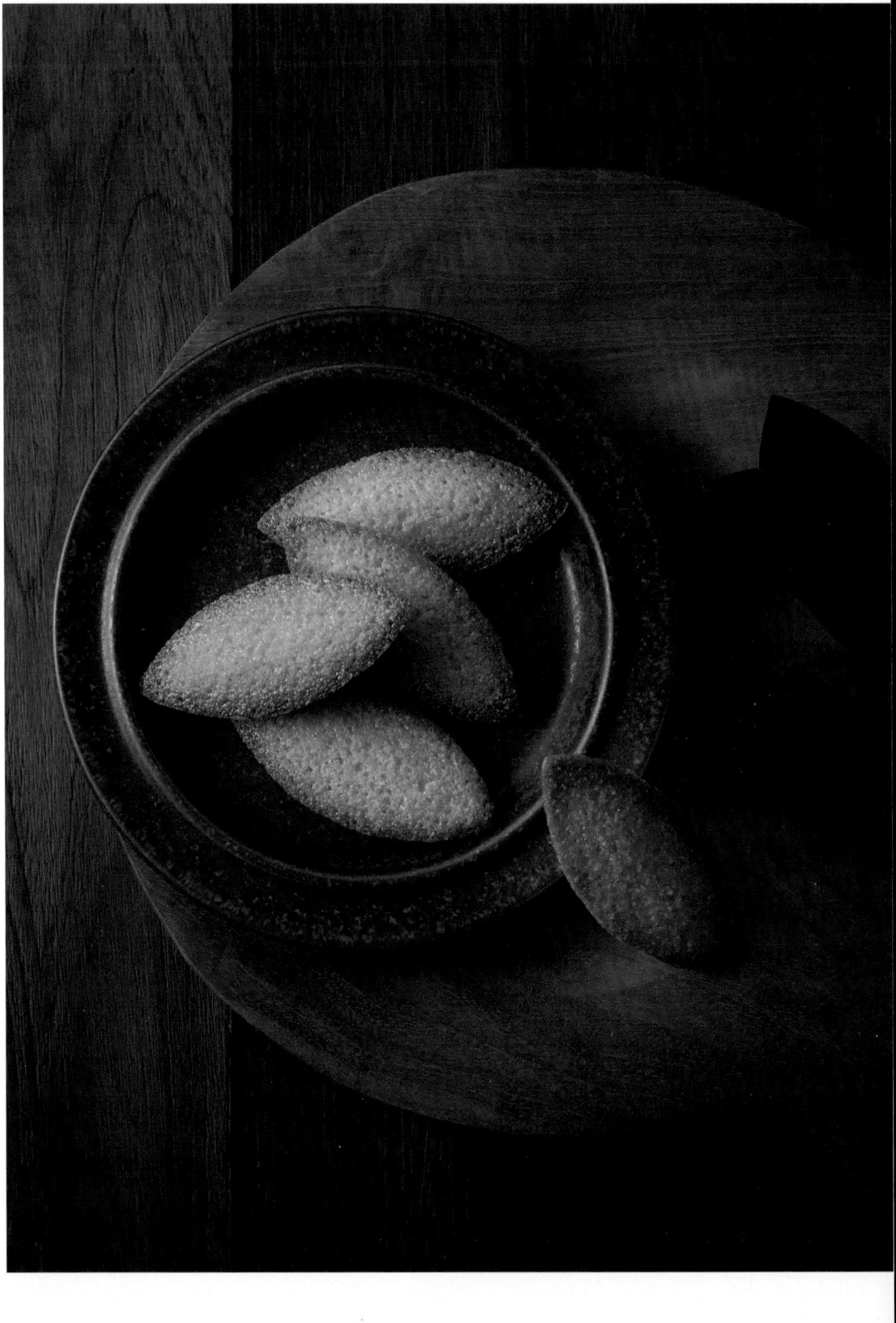

비지탕딘은 아몬드, 달걀흰자, 설탕으로 만든 로렌Lorraine의 향토 과자입니다. '피낭시에Financier'의 원형이라 불리기도 하며 노르망디Normandie에서는 '프리앙Friand'이라고 부릅니다.

비지탕딘은 17세기 로렌에서 결성된 비지탕딘 수녀회가 만든 과자입니다. 당시 수도원이나 수녀원에서는 육식을 금지했기 때문에 부족한 단백질을 달걀흰자와 아몬드로 섭취했습니다. 또 그림을 보존하는 데 달걀노른자를 사용했기 때문에 남은 달걀흰자를 처리하기 위해 비지탕딘을 만들었다는 이야기도 있습니다.

대부분의 아몬드 디저트가 르네상스시대 이후 쇠퇴했는데, 이유는 비터아몬드에서 청산가리 성분이 의심되었기 때문입니다. 그러다 1890년 제과사 라슨이 다시 비지탕딘을 수면 위로 끌어올렸습니다. 증권거래소 근처에 자리 잡고 있던 그의 가게에서 비지탕딘을 금괴 모양으로 구워 피낭시에라 이름 붙여 판매하기 시작한 것입니다. 손을 더럽히지 않고 간편하게 먹을 수 있는 이 과자는 시간이 흘러 지금까지도 인기를 끌고 있습니다.

낭시Nancy로 여행을 갔을 때 낭시역 바로 앞에 있는 기념품점에서 비지탕딘을 만났습니다. 제가 생각했던 비지탕딘은 납작하고 구움 색이 진한 과자였는데, 실제로는 옅은 색이고 꽃 모양 틀에 통통하게 구워져 있었습니다. 비지탕딘이나 피낭시에를 프랑스에서 만날 때마다 느낀 점은 생각보다 구움 색을 연하게 낸다는 것입니다. 구움 과자는 구움 색을 진하게 내서 캐러멜화된 설탕의 풍미를 충분히 느끼는 게 매력이라 여겼던 터라 색이 옅은 프랑스 구움 과자를 보고 맛이 없을 거라고 생각했습니다. 하지만 놀랍게도 옅은 색의 구움 과자도 나름대로의 맛이 있었습니다. 캐러멜 향이 줄어드니 재료 본연의 맛이 더 잘 느껴졌습니다. 피낭시에나 비지탕딘도 산뜻하게 느껴지는 아몬드의 풍미가 매력적이었습니다.

일반적으로 비지탕딘은 아몬드가루, 설탕, 달걀흰자, 버터, 밀가루로 만드는데, 저는 여기에 꿀을 첨가했습니다.

낭시에서 만난
비지탕딘

아미앙 제과점에서
구입한 피낭시에

Ingrédient

비지탕딘 반죽

무염버터 270g
달걀흰자 125g
꿀 65g
아몬드TPT 250g
박력분 40g

≈ Pâte à visitandine

1 물기가 없는 냄비에 버터를 넣고 저어가며 가열해줍니다.

2 옅은 갈색이 될 때까지 가열한 후 재빨리 불에서 내립니다.

3 차가운 물에 냄비를 담궈 온도가 올라가고, 색이 더 짙어지는
   것을 멈춰 헤이즐넛 버터를 완성합니다.

4 다른 볼에 달걀흰자를 넣고 가볍게 풀어줍니다.

5 꿀을 넣고 섞어줍니다.

분량

: 길이 7cm 비지탕딘 20개

6　체 친 아몬드TPT(아몬드가루와 슈거파우더를 1:1 비율로 섞은 것)와 박력분을 넣고 섞어줍니다.

7　50℃ 정도의 헤이즐넛 버터 180g을 넣고 섞어줍니다.

≈ Finition

8　반죽을 짤주머니에 담아 바르케트 틀에 90% 정도 채워줍니다.

9　180℃로 예열된 오븐에서 13분간 구워 완성합니다.

메스Metz의 타르트 오 므쟁은 달걀, 프로마주 블랑, 프레시 크림을 넣고 굽는 치즈 타르트로, 로렌 Lorraine의 '키슈Quiche'와 비슷합니다. 프로마주 블랑은 프랑스 북부와 벨기에 남부에서 유래한 치즈입니다. 전유, 탈지유, 크림을 사용해 부드럽게 만든 치즈로, 원래는 무지방 치즈이지만 지금은 풍미를 위해 크림을 첨가하여 지방 함량을 8%까지 높여 생산합니다.

프로마주 블랑을 메스에서는 '프랑장Fremgin'이라 부르는데, 그래서 '메스의 프로마주 블랑'이라는 뜻으로 '므쟁Me'gin'이라는 이름이 탄생했다고 전해집니다. 비슷한 이름으로 '므쟁Mejin'이라는 메스의 향토 요리가 있습니다. 프랑장은 소금과 후추로 간을 하고 항아리에서 오랫동안 숙성시키는 치즈로, 숙성이 끝난 치즈는 크림, 양파와 함께 섞어 먹습니다. 제과에 해당하는 타르트 오 므쟁은 틀에 브리제 반죽을 깔고 프랑장과 달걀, 크림, 설탕, 소금 등을 섞은 충전물을 채워 구워냅니다.

이 타르트는 앙시앙 레짐(프랑스 혁명 이전의 옛 제도) 시절 독일어권에 거주하던 유대인들이 남긴 유산입니다. 그래서 독일어권에서는 비슷한 이름의 치즈 타르트를 쉽게 만날 수 있으며 지금은 치즈 타르트를 만들던 유대인들의 이동에 따라 지역별로 조금씩 변형된 형태가 남아 있습니다. 또 로렌과 알자스Alsace의 타르트 오 므쟁은 생크림이 들어가 가벼운 스타일의 치즈 타르트로 그 형태가 남아 있습니다.

가장 오래된 치즈 타르트 또는 케이크는 고대 그리스로 거슬러 올라갑니다. 로마인이 그리스를 정복하면서 신에게 바치는 요리로 치즈 케이크가 등장했습니다. 최초의 치즈 케이크 레시피는 서기 230년 고대 아테나이오스라는 사람이 남겼습니다. 반죽에 신선한 치즈와 꿀을 넣어 단맛이 나는 치즈 케이크를 만든다고 기록되어 있습니다.

그리스의 델로스섬에서 열렸던 첫 번째 올림픽에서는 선수들에게 강장제로 치즈 케이크를 나누어 주기도 했습니다. 그리스를 정복한 로마인은 영국과 서유럽에 치즈 케이크를 소개했고 이는 곧 유럽 북서부 전역으로 퍼져나가는 계기가 되었습니다.

프랑스에서는 푸아투Poitou의 염소 치즈 타르트 '투르토 프로마제Tourteau fromager'와 로렌의 타르트 오 므쟁이 대표적인 치즈 타르트입니다. 가까운 스위스에도 오래된 치즈 타르트가 있는데, 보통 브리제 반죽이나 푀이테 반죽을 바닥에 깔고 단단한 치즈 반죽을 올려 구우며 지역마다 조금씩 다른 형태로 존재합니다.

Ingrédient

브리제 반죽(31p) 300g

박력분 250g
무염버터 125g
달걀노른자 20g
소금 5g
물 40g

기타

달걀물 적당량

≈ Pâte brisée

1 휴지가 끝난 차가운 상태의 브리제 반죽을 2mm 두께로 밀어줍니다.

2 지름 15cm 원형 타르트 틀에 반죽을 헐겁게 앉힌 후 가장자리 반죽의 두께가 일정하도록 바닥과 옆면을 눌러 고정시켜줍니다.

3 반죽의 윗면과 옆면을 정리해줍니다.

4 유산지를 깔고 누름돌을 채운 후 170℃로 예열된 오븐에서 15분간 구워줍니다.

5 누름돌과 유산지를 제거하고 10분간 더 구운 후 달걀물을 얇게 골고루 바르고 1분간 더 구워줍니다.

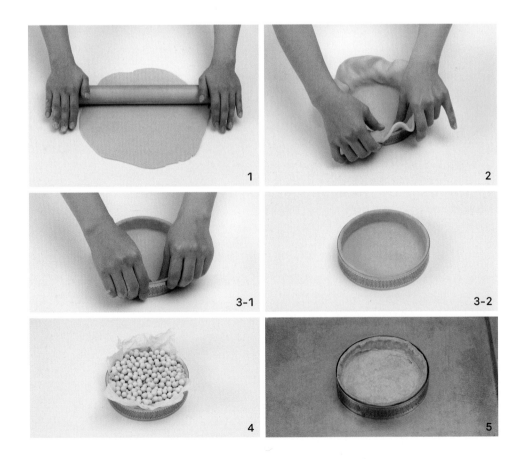

프로마주 블랑 충전물

프로마주 블랑 100g

설탕 30g

소금 2g

달걀 2개

생크림 100g

분량

: 지름 15cm, 높이 4cm
  틀 2개

≈ Appareil à fromage blanc

6 볼에 프로마주 블랑, 설탕, 소금을 넣고 섞어줍니다.

7 달걀을 넣고 섞어줍니다.

8 생크림을 넣고 섞어줍니다.

≈ Finition

9 ⑤에 90% 정도 채워줍니다.

10 170℃로 예열된 오븐에서 40분간 구워 완성합니다.

■ 21 ■ 가토 오 쇼콜라 드 낭시 *Gâteau au chocolat de Nancy*

낭시Nancy에는 초콜릿으로 만든 오래된 디저트들이 꽤 있는데, 대표적으로 가토 오 쇼콜라 드 낭시와 '가토 오 쇼콜라 드 메스Gâteau au chocolat de Metz'가 있습니다. 1890년 프랑스에서 출간된 『La cuisine messine(메스의 요리)』에 따르면 가토 오 쇼콜라 드 낭시는 녹인 초콜릿에 머랭과 아몬드가루를 넣고, 가토 오 쇼콜라 드 메스는 제누아즈 반죽에 다진 초콜릿을 넣어 굽는 것이 특징입니다.

초콜릿이 프랑스에 들어온 것은 1615년으로, 프랑스 왕 루이 13세와 스페인 공주 안느가 결혼하면서 스페인의 초콜릿이 프랑스에 최초로 소개되었습니다. 이후 스페인 공주 마리 테레즈가 루이 14세와 결혼할 때 초콜릿을 조리할 줄 아는 하녀들을 데려와 본격적으로 스페인의 초콜릿이 베르사유 궁전으로 전해졌습니다. 그녀는 매일 아침 크림을 가득 얹은 핫초콜릿 한 컵으로 하루를 시작했으며 남편인 루이 14세 또한 초콜릿을 사랑한 왕으로 알려져 있습니다. 이 때문에 왕실에서는 초콜릿을 사들이기 위한 비용을 늘 마련해야 했습니다.

옛날에는 초콜릿을 주로 음료로 즐겼지만 1700년대 공장에서 대량 생산을 하면서 점차 반죽에 섞어 구워내는 과자들이 등장하기 시작했습니다. 1760년에는 프랑스 왕실에서 관리하는 최초의 초콜릿 공장이 세워졌고 19세기에는 초콜릿의 대량 생산으로 대중들도 점차 초콜릿을 즐기게 됩니다. 최초의 상업용 초콜릿 공장은 1814년 피레네산맥에 세워졌습니다. 당시 초콜릿은 의약품으로 여겨졌으며 파리의 므니에라는 제약 회사가 초콜릿을 판매하며 크게 성장했습니다. 1960년 므니에는 네슬레에 팔렸습니다.

낭시에서 이 초콜릿 케이크가 특산품이 된 것은 1933년 낭시의 제과점 '윌로Hulot'에서 가토 오 쇼콜라 드 낭시를 판매하면서부터였습니다. 당시 가족 대대로 내려오는 초콜릿 케이크를 팔기 시작했는데, 점차 남녀노소 모두가 좋아하는 케이크로 자리 잡아 지금도 낭시에서 오래되고 유명한 제과점으로 건재합니다.

캔에 들어 있는 가토 오 쇼콜라 드 낭시

Ingrédient

가토 오 쇼콜라 반죽
녹인 다크초콜릿 125g
무염버터 125g
달걀노른자 75g
헤이즐넛TPT 200g
달걀흰자 160g
박력분 25g

기타
정제버터 적당량
강력분 적당량

≈ Pâte à gâteau au chocolat

1 틀에 정제버터를 골고루 바른 후 강력분을 뿌렸다가 털어냅니다.

2 볼에 30℃ 정도로 녹인 다크초콜릿과 포마드 상태의 버터를 넣고 섞어줍니다.

3 달걀노른자를 넣고 섞어줍니다.

4 체 친 헤이즐넛TPT(헤이즐넛가루와 슈거파우더를 1:1 비율로 섞은 것) 넣고 섞어줍니다.

1-1
1-2
2
3
4

분량

: 지름 15cm, 높이 6cm
  틀 1개

5 다른 볼에 달걀흰자를 넣고 거품을 올려 단단한 상태의 머랭을 만들어줍
   니다.

6 머랭의 절반을 ④에 넣고 볼 밑바닥에서부터 위쪽으로 들어올리듯 주걱
   으로 섞어줍니다.

7 남은 머랭도 모두 넣고 섞어줍니다.

8 체 친 박력분을 넣고 섞어줍니다.

≈ **Finition**

9 틀에 80% 정도 채운 후 170℃로 예열된 오븐에서 30분간 구워 완성합니
   다. 구워져 나온 케이크는 틀에서 꺼내 식혀줍니다.

17세기 초 탄생한 마카롱 드 낭시의 기원이 이탈리아라는 것에는 의심의 여지가 없습니다. 육식을 금지하는 수도원과 수녀원에서 단백질 보충을 위해 만들어 먹기 시작했다는 이야기가 있지만 홍보용 문구에 불과할지도 모른다는 이야기도 있습니다.

마카롱 드 낭시는 로렌 공국의 왕 스타니슬라스가 즐겨 먹던 과자입니다. 만들어진 배경에는 여러 이야기가 있지만 가장 널리 알려진 것은 핍박받던 수녀들이 만든 마카롱Macaron이라는 이야기입니다. 18세기 프랑스 혁명으로 인해 카톨릭이 탄압받자 낭시Nancy로 숨어든 두 명의 수녀가 자신들을 숨겨준 마을 사람들에게 보답하기 위해 마카롱을 구워 대접했다고 합니다. 이에 감동한 마을 사람들이 그녀들을 '마카롱 수녀들Les Soeurs Macarons'이라 불렀고 19세기에는 수녀들이 직접 '수녀들의 마카롱La Maison des Soeurs Macarons'이라는 이름의 판매점도 만들었습니다. 그후 마카롱 드 낭시는 낭시의 특산품이 되었습니다.

저도 낭시에 있는 '수녀들의 마카롱'을 찾아갔었는데, 휴가 기간이라 가게 문은 닫혀 있었지만 진열장 너머로 6개씩 담겨 있는 마카롱과 낭시의 특산품인 '바바 오 럼Baba au rhum', '미라벨 잼Confiture de mirabelles'도 볼 수 있었습니다.

마카롱 드 낭시는 종이 위에 반죽을 짜서 구운 뒤 구운 종이 그대로 포장해 판매하는 것으로 유명합니다. 종이 뒷면에는 가게의 상호가 찍혀 있는데, 150년이나 된 전통이라고 합니다. 상상했던 것보다 훨씬 바삭하고 가벼운 식감에 비터아몬드의 향이 살짝 나서 기분 좋게 먹었던 기억이 있습니다.

 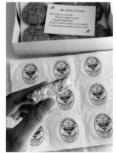

마카롱 드 낭시의 최초 판매점.
1793년에 세워졌다.

종이에 붙인 채
포장되는 마카롱 드 낭시

Ingrédient

마카롱 반죽

아몬드TPT 250g

달걀흰자 60g

중력분 20g

물 30g

설탕 90g

≈ Pâte à macarons

1 볼에 아몬드TPT(아몬드가루와 슈거파우더를 1:1 비율로 섞은 것)와 달걀 흰자를 넣고 섞어줍니다.

2 볼 입구를 랩핑해 상온에서 하루 동안 휴지시켜줍니다.

3 휴지가 끝난 반죽에 체 친 중력분을 넣고 섞어줍니다.

4 냄비에 물과 설탕을 넣고 118℃까지 가열해줍니다.

5 ③에 ④를 조금씩 넣어가며 빠르게 섞어줍니다.

분량

: 지름 5cm

  마카롱 드 낭시 20개

6 완전히 섞이면 볼을 젖은 수건으로 덮고 상온에서 반나절 동안 휴지시켜줍니다.

≈ Finition

7 팬에 종이호일을 깔고 휴지가 끝난 반죽을 지름 1cm의 원형 깍지를 끼운 짤주머니에 담아 3cm 간격을 두고 지름 4cm의 원형으로 파이핑해줍니다.

8 상온에서 1시간 건조시켜줍니다.

9 젖은 수건으로 반죽을 살짝 쳐준 후 175℃로 예열된 오븐에서 15분간 구워 완성합니다. 완성된 마카롱은 종이호일과 분리하지 않고 그대로 두고 먹을 때 떼어 먹습니다.

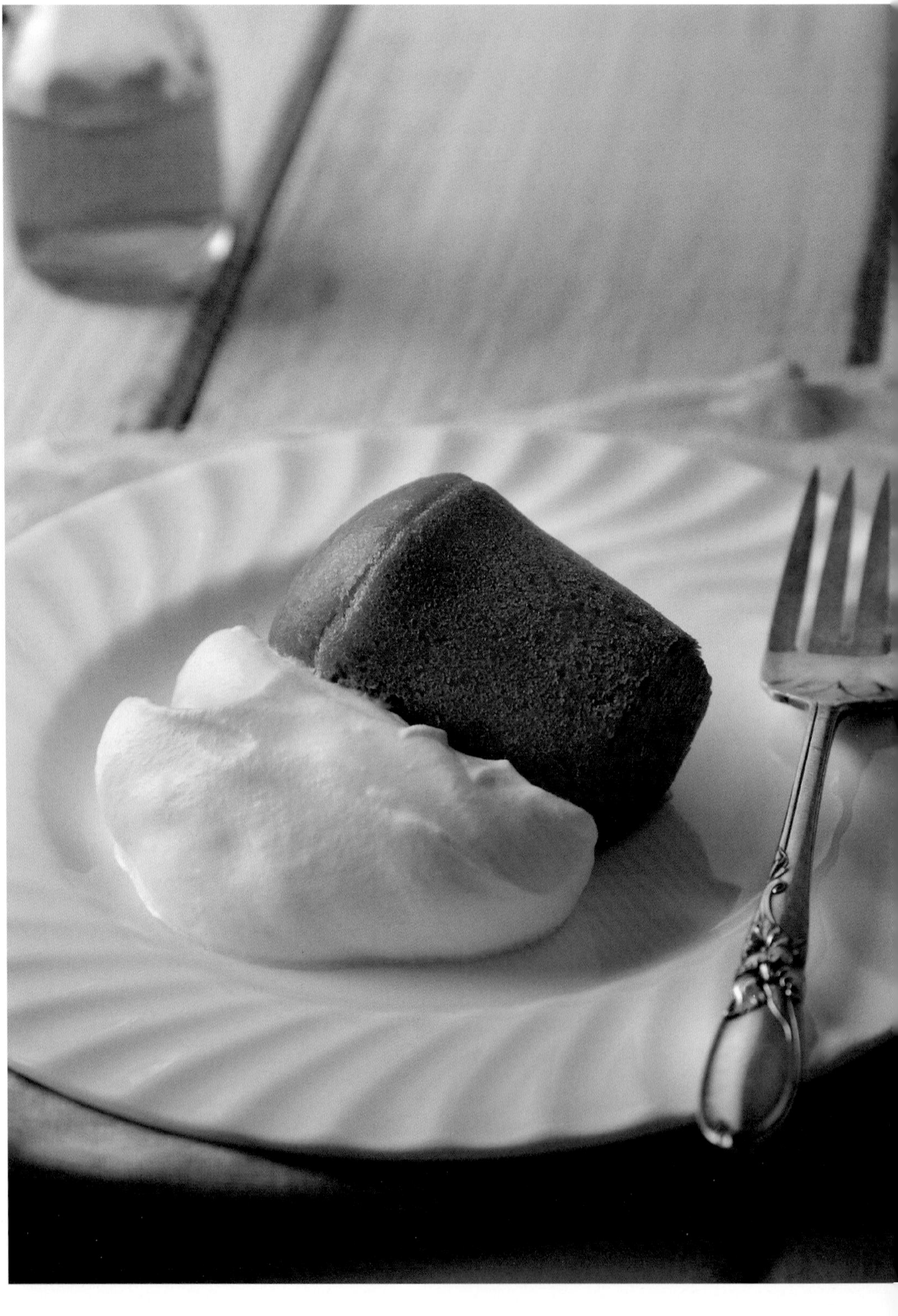

■ 23 ■ 바바 오 럼 *Baba au rhum*

로렌Lorraine을 이야기할 때 결코 빠뜨릴 수 없는 것이 바바 오 럼입니다. 프랑스 제과에서 바바 오 럼의 자리가 큰 만큼 로렌뿐만 아니라 프랑스 어느 지역을 가도 흔히 찾아볼 수 있는 과자입니다.

바바 오 럼은 스타니슬라스왕의 전속 요리사 쉐브리오트가 고안한 과자라고 알려져 있습니다. 또 1609년 프랑스 랑베르Lemberg에서 만들어 먹던 '구글로프Kouglof'에서 술을 뿌려 먹는 과자로 변형됐다는 이야기도 있고, 스타니슬라스왕의 출신지인 폴란드의 발효 과자 '바카Bakka'가 변형된 것이라는 이야기도 있습니다. 궁정에서 인기를 끈 바바 오 럼은 항상 스페인 말라가산 스위트 와인 소스와 함께 내놓았습니다. 이 과자를 좋아했던 스타니슬라스왕은 즐겨 읽던 『천일야화』에 등장하는 주인공 알리바바의 이름을 따 바바 오 럼이라 이름 지었다고 합니다.

처음에는 완성된 '바바Baba'에 붓으로 시럽을 적셔 제공했는데, 지금은 미리 구워 말려놓은 바바를 시럽에 푹 담구어 준비하는 것으로 바뀌었습니다. 비슷한 과자로는 '사바랭Savarin'이 있습니다. 바바는 건포도를 넣은 반죽을 발효시켜 만들고 사바랭은 건포도 없이 구운 반죽으로 만드는데, 사용하는 시럽도 조금 다릅니다.

로렌의 향토 과자인 바바 오 럼이 프랑스 제과를 대표하는 메뉴가 된 것은 스타니슬라스왕의 딸 마리 레친스카가 루이 15세에게 시집을 가면서입니다. 베르사유로 시집을 가는 마리를 따라 궁정 제과사 니콜라 스토레르가 함께 가면서 바바 오 럼도 베르사유 궁전에 전해졌습니다. 이후 니콜라 스토레르는 파리 몽토르게이 거리Rue Montorgueil에 제과점을 열었고 말라가산 스위트 와인 대신 럼을 넣은 시럽에 바바를 푹 적셔 판매하면서 성공을 누렸습니다. 지금도 '스토레르Stohrer'는 파리에서 가장 오래된 제과점으로, 현지인은 물론 전 세계의 여행객이 찾는 제과점으로 자리 잡았습니다.

병에 포장되어 판매되는
바바 오 럼

파리 '스토레르'의
바바 오 럼

Ingrédient

바바 반죽 500g

강력분 200g

드라이이스트 6g

물 15g

설탕 5g

소금 5g

달걀전란 130g

우유 80g

무염버터 60g

≈ Pâte à baba

1 볼에 체 친 강력분, 드라이이스트, 물, 설탕, 소금, 달걀전란, 우유를 넣고
고루 믹싱해줍니다.

2 부드럽게 늘어날 때까지 믹싱한 후 말랑한 상태의 버터를 조금씩 넣어가
며 믹싱해줍니다.

3 볼 입구에 젖은 수건을 덮고 반죽이 두 배로 부풀 때까지 따뜻한 상온에
서 1차 발효시켜줍니다.

바바 시럽

물 1kg
설탕 500g
바닐라빈 1개
레몬제스트 적당량
오렌지제스트 적당량
다크럼 200g

분량

: 지름 6cm, 높이 8cm
  바바 오럼 20개

≈ Finition

4 틀 안쪽에 버터를 골고루 바른 후 1차 발효가 끝난 반죽을 지름 1.5cm의 원형 깍지를 끼운 짤주머니에 담아 틀 높이의 60% 정도 파이핑해줍니다.

5 반죽이 두 배로 부풀 때까지 상온에서 2차 발효시켜줍니다. 175℃로 예열된 오븐에서 20분간 구운 후 틀에서 꺼내 말리듯이 10분간 더 구워 완성합니다. 완성된 바바는 바바 시럽에 담가 냉장실에서 하루 동안 보관한 후 건져내 취향에 따라 크림과 곁들여 먹습니다.

양배 씨의 한마디

바바 시럽 만들기

❶ 냄비에 물, 설탕, 바닐라빈, 레몬제스트, 오렌지제스트를 넣고 끓여줍니다.
❷ 설탕이 모두 녹으면 냄비를 불에서 내려줍니다.
❸ 시럽이 조금 식으면 다크럼을 넣고 섞어줍니다.

4

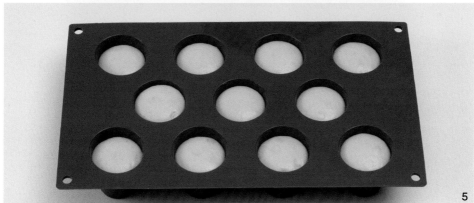

5

■ 24 ■ 팡 데피스 알자시앙 　　　　*Pain d'épices alsacien*

팡 데피스 알자시앙은 프랑스 알자스Alsace에서 오래전부터 만들어 먹던 향신료 과자입니다. 『Le Dictionnaire de l'Académie française(아카데미 프랑세스 사전)』에 따르면 주재료는 호밀가루, 꿀, 향신료라고 합니다.

　추운 지방의 전통 과자답게 알자스에서는 꼭 계피를 넣어 만들며, 디종Dijon에서는 파운드 같은 형태의 케이크로 굽지만 알자스에서는 납작한 쿠키 형태로 구워냅니다. 또 지금은 일반적인 꿀을 사용해 굽지만 처음에는 브르타뉴Bretagne의 메밀 꿀을 사용해 만들었다고 전해집니다. 또 팡 데피스 알자시앙은 원래 2차 발효를 하지 않은 효모 빵으로, 꿀과 호밀가루를 섞어 나무통에 담아 몇 달 동안 서늘한 곳에 보관해두었다가 반죽을 한 덩이씩 덜어 틀에 넣고 구웠습니다. 그리고 19세기 이후 베이킹파우더가 개발되면서 레시피에 베이킹파우더와 소다가 등장하기 시작했습니다.

　독일에서도 팡 데피스 알자시앙과 유사한 '레브쿠헨Lebkuchen'이라는 과자가 있습니다. 곡물가루에 꿀을 섞어 저장해두었다 구워 먹는다는 점은 두 과자가 거의 동일해 보입니다. 중세시대 교회에서는 초를 많이 만들었는데, 이때 밀랍을 만드는 데 사용하고 남은 꿀을 이용해 레브쿠헨 같은 과자를 많이 만들었습니다. 교회의 도안이나 가문의 문장 등을 무늬로 찍어 굽고 교회에 오는 순례자들에게 참배 기념 선물로 나누어 주었다고 합니다. 팡 데피스 알자시앙도 하트 모양 틀로 찍어 굽거나 행운을 비는 글귀를 적어 선물용으로 판매하는 것을 많이 볼 수 있습니다.

크리스마스 마켓에서 만난
팡 데피스 알자시앙

스트라스부르에 있는
오래된 제과점에서 만난
팡 데피스 알자시앙

Ingrédient

팡 데피스 반죽

박력분 350g

시나몬파우더 5g

팡 데피스 6g

꿀 200g

설탕 60g

달걀전란 55g

달걀노른자 20g

키르슈 5g

우유 5g

베이킹소다 6g

≈ Pâte à pain d'épices

1 볼에 체 친 박력분, 시나몬파우더, 팡 데피스를 넣고 섞어줍니다.

2 냄비에 꿀과 설탕을 넣고 섞으면서 60℃까지 가열해줍니다.

3 ①에 조금씩 흘려가며 섞어줍니다.

4 달걀전란과 달걀노른자를 넣고 골고루 섞어줍니다.

5 키르슈, 우유, 베이킹소다를 넣고 섞어줍니다.

기타
달걀물 적당량

분량
: 길이 10cm
팡 데피스 알자시앙 6개

6 완성된 반죽을 랩핑한 후 냉장실에서 하루 동안 휴지시켜줍니다.

≈ Finition

7 휴지가 끝난 반죽은 5mm 두께로 밀어줍니다.

8 하트 모양 틀로 찍어줍니다.

9 팬닝한 후 구멍을 내줍니다.

10 달걀물을 얇게 골고루 바른 후 180℃로 예열된 오븐에서 20분간 구워 완성합니다.

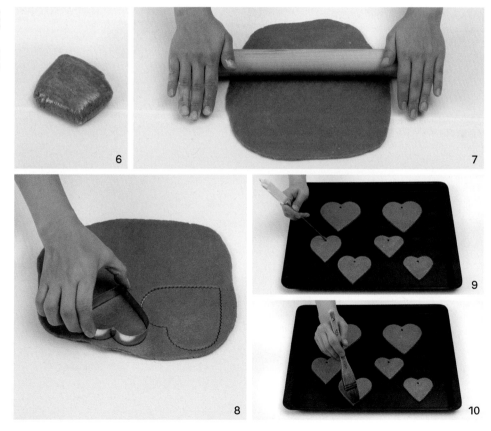

아뇨 파스칼은 알자스Alsace에서 부활절 아침에 먹는 전통 과자로, '오슈테르라말라Oschterlammele' 또는 '라말라Lamele'라고도 부릅니다. 성 바울이 그리스도를 어린양과 동화시켰던 것을 떠올리며 부활절 아침 부활한 그리스도를 기리기 위해 양고기를 먹던 것에서부터 시작된 전통이 19세기 이후 양고기에서 양 모양의 케이크를 구워 먹는 것으로 점차 변화되었습니다. 사순절 기간에는 달걀 섭취가 금지되었기 때문에 부활절 전에 축적해두었던 달걀로 부활절이면 양 모양의 과자를 만들어 나누어 먹었습니다.

　아뇨 파스칼은 전통적으로 수플른아임Soufflenheim의 도공이 만든 도기 틀에 구우며 구운 뒤에도 오랫동안 향이 유지됩니다. 양 모양 과자 위에 하얀 슈거파우더를 뿌려 바티칸을 상징하고 붉은색 리본을 양의 목에 묶어 알자스를 표현합니다. 이런 양 모양의 과자는 알자스뿐만 아니라 체코, 폴란드, 독일, 오스트리아에도 존재합니다.

파리 '으드일르랑(E.DEHILLERIN)'에서 판매하는 아뇨 파스칼 틀

Ingrédient

비스퀴 반죽
달걀흰자 150g
설탕A 60g
달걀노른자 75g
설탕B 60g
레몬제스트 적당량
박력분 100g
옥수수전분 20g
녹인 무염버터 50g

기타
녹인 무염버터 적당량
강력분 적당량

1 녹인 버터를 아뇨 파스칼 틀 안쪽 굴곡진 구석까지 발라준 후 강력분을 뿌렸다 털어냅니다.

≈ Pâte à biscuits

2 볼에 달걀흰자를 넣고 휘핑한 후 설탕A를 넣고 휘핑해 단단한 상태의 머랭을 만들어줍니다.

3 다른 볼에 달걀노른자와 설탕B를 넣고 휘핑해줍니다.

4 거품이 뽀얗게 올라오면 레몬제스트를 넣고 섞어줍니다.

분량

: 높이 15cm
　아뇨 파스칼 1개

5　머랭을 조금씩 넣어가며 섞어줍니다.

6　체 친 박력분과 옥수수전분을 넣고 섞어줍니다.

7　50℃ 정도로 녹인 버터를 넣고 섞어줍니다.

≈ Finition

8　틀에 90% 정도 채워줍니다.

9　170℃로 예열된 오븐에서 45분간 구운 후 한 김 식혀 완성합니다. 뜨거운
　기운이 남아 있을 때 틀을 조심스럽게 제거합니다.

구글로프는 원통형의 도기에 굽는 알자스Alsace 전통 과자입니다. 독일어로는 '쿠겔홉프Kugelhopf'라고 하는데, 공 모양의 둥근 것을 가리키는 '쿠겔Kugel'과 맥주 효모를 가리키는 '홉프Hopf'를 바탕으로 지어진 이름 같습니다. 지금은 이스트 균을 발효시켜 반죽하지만 어원을 미루어 보았을 때 과거에는 오스트리아와 폴란드에서 사용하던 맥주 효모를 이용해 알자스에서도 구글로프를 만든 것으로 보입니다.

탄생 경위에 대해서는 여러 이야기가 있습니다. 18세기 오스트리아에서 전해져 루이 16세의 왕비 마리 앙투아네트가 프랑스에 전파했다는 이야기도 있고, 천재 요리사 앙투안 카렘이 오스트리아 대사관에 친분이 있어 그로부터 전수되었다는 이야기도 있습니다. 또 알자스에서 만들어졌다는 이야기도 있는데, 리보빌레라는 작은 마을에 사는 쿠겔이라는 도자기공의 집에 어느 날 밤 동방 박사들이 찾아왔다고 합니다. 동방 박사들은 자신들에게 숙소를 제공하고 대접한 것에 대한 감사의 표시로 쿠겔이 만든 도자기에 과자를 구워 선물한 것이 지금의 구글로프가 되었다고 합니다.

구글로프의 시작을 로마시대에서 찾는 사람도 있지만 알자스에서 즐겨 먹기 시작한 것은 19세기부터입니다. 알자스의 구글로프는 세라믹 틀에 구워내는데, 주로 술에 절인 건과일 등을 넣어 살짝 달콤하게 구워내지만 때에 따라 호두나 베이컨을 넣어 짠맛이 나게 굽기도 합니다. 또 작은 구글로프 틀에 아이스크림 반죽을 채워넣어 굳혀 먹기도 합니다. 알자스뿐만 아니라 중세 오스트리아에서는 결혼식 같은 주요 행사에도 구글로프가 등장했으며 비슷한 형태의 과자가 독일, 스위스, 크로아티아, 헝가리, 체코 등지에도 존재합니다.

알자스에서 만난
구글로프

구글로프 도자기 틀

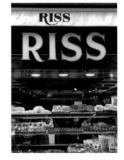

스트라스부르
'리스(RISS)' 제과점의 구글로프

Ingrédient

구글로프 반죽

박력분 200g

강력분 200g

달걀전란 150g

우유 80g

소금 9g

설탕 80g

드라이이스트 12g

물 60g

무염버터 210g

키르슈 50g

건포도 200g

기타

무염버터 적당량

백아몬드 적당량

≈ Pâte à kouglof

1 볼에 체 친 박력분, 강력분, 달걀전란, 우유, 소금, 설탕, 드라이이스트, 물을 넣고 믹싱해줍니다.

2 잘 늘어나면 차가운 상태의 버터를 조금씩 넣고 치대면서 믹싱해줍니다.

3 키르슈에 하루 동안 절여둔 건포도를 넣고 섞어줍니다.

4 볼 입구를 랩핑한 후 30~35℃ 사이의 따뜻한 곳에서 두 배로 부풀 때까지 1차 발효시켜줍니다.

≈ Finition

5 틀 안쪽에 말랑한 상태의 버터를 골고루 발라줍니다.

6 백아몬드를 구글로프 틀 바닥 홈에 하나씩 넣어줍니다.

분량

: 지름 15cm, 높이 12cm
 구글로프 틀 3개

7 1차 발효가 끝난 반죽을 손바닥으로 가볍게 내리쳐 가스를 빼줍니다.

8 둥글리기해줍니다.

9 틀 크기에 맞춰 분할한 후 다시 둥글리기해줍니다.

10 밀대로 반죽의 중앙에 구멍을 내 도넛 모양으로 만들어줍니다.

11 틀에 넣고 잘 눌러 공기가 들어가지 않도록 한 후 두 배로 부풀 때까지 상온에서 2차 발효시켜줍니다.

12 반죽이 틀 높이까지 올라오면 175℃로 예열된 오븐에서 40분간 구워 완성합니다.

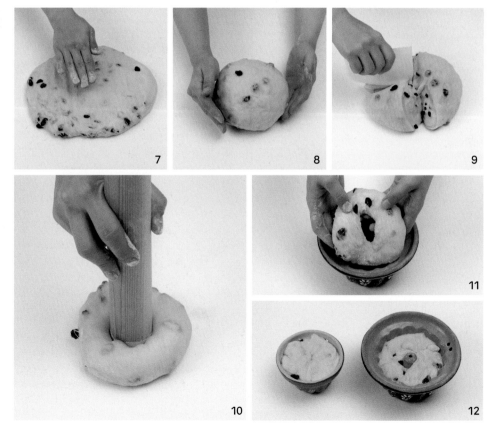

27 베르베크 *Beerewecka*

베르베크는 말린 배, 자두, 포도, 무화과 등의 건과일을 술에 절인 후 향신료와 효모를 섞어 굽는 과일 케이크입니다. 중세시대 알자스Alsace에 존재했던 유대인 공동체에서 성탄절에 만들어 먹던 케이크로, 알자스뿐만 아니라 독일, 오스트리아, 스위스, 이탈리아에서도 볼 수 있습니다.

원래는 알자스산 체리 브랜디에 건과일을 절여 4주 정도 숙성시킨 뒤 소량의 이스트와 함께 섞어 발효시켜 구웠습니다. 알자스에서는 한겨울 추위 속에 얇게 썬 베르베크와 따뜻한 음료를 성탄절 자정 전에 즐기는 것이 오래된 풍습입니다. 제가 스트라스부르Strasbourg를 방문했을 때는 푸아그라에 베르베크를 곁들여 먹도록 함께 판매하는 것을 보기도 했습니다.

알자스에서 만난 베르베크

Ingrédient

베르베크 반죽

말린 배 50g

건무화과 50g

건자두 40g

건대추 50g

건사과 50g

건살구 40g

호두 60g

건포도 30g

설탕 25g

꿀 25g

키르슈 60g

생이스트 5g

박력분 80g

소금 2g

우유 50g

≈ Pâte à beerewecka

1 볼에 건과일 재료와 호두를 비슷한 크기로 잘라 넣어 섞어줍니다.

2 설탕, 꿀, 키르슈를 넣고 하루 동안 냉장 숙성시켜줍니다.

3 다른 볼에 생이스트, 체 친 박력분, 소금, 우유를 넣고 매끈해질 때까지 믹싱해줍니다.

4 볼 입구를 랩핑한 후 따뜻한 곳에서 1차 발효시켜줍니다.

기타
달걀물 적당량
30보메 시럽 적당량

분량
: 가로 5cm, 세로 20cm
  베르베크 3개

5 1차 발효가 끝난 반죽에 ②를 넣고 섞어줍니다.

≈ Finition

6 200g씩 분할한 후 길쭉한 모양으로 팬닝해줍니다.

7 달걀물을 얇게 골고루 바른 후 160℃로 예열된 오븐에서 50분간 구워줍니다. 구워져 나온 베르베크에 30보메 시럽(물 100g + 설탕 135g)을 골고루 발라 완성합니다.

양배 씨의 한마디

30보메 시럽 만들기

30보메 시럽은 설탕 135g과 물 100g을 냄비에서 끓인 후 상온에서 보관해 사용해요. 당도가 높아 쉽게 상하지 않는 시럽이라 오래 사용할 수 있어요.

■ 28 ■ 스트뤼델 오 폼므 *Strudel aux pommes*

스트뤼델 오 폼므는 설탕에 버무린 사과를 채워넣고 돌돌 말아 구운 과자입니다. 합스부르크 제국 전역에 걸쳐 18세기에 대중화되었는데, 오스트리아 요리의 일부이지만 독일이나 프랑스의 알자스 Alsace 같은 다른 중부 유럽에서도 일반적으로 먹는 과자입니다. 합스부르크 가문이었던 마리 앙투아네트가 루이 16세와 결혼하면서 프랑스에 가져왔다는 이야기가 제일 신빙성이 있지만 19세기 중반 프랑스 전역에 유행했던 헝가리 제과의 영향으로 스트뤼델 오 폼므가 들어왔다는 이야기도 있습니다.

가장 오래된 스트뤼델 오 폼므 레시피는 1696년에 등장하지만 유래는 터키의 '바클라바Baklava' 처럼 중동의 과자에서 비롯된 것으로 생각됩니다. 이집트, 팔레스타인, 그리고 시리아를 거쳐 1453년 콘스탄티노플을 정복한 오스만이 스트뤼델 반죽을 터키에 전파해 바클라바와 납작한 빵 종류로 발전시켰고, 이런 과자는 유통기한이 길어 전쟁과 행진을 위한 음식으로 사용되었습니다.

전통적인 스트뤼델 오 폼므는 밀가루, 물, 기름, 소금을 넣고 반죽한 뒤 아주 얇게 펴서 충전물을 채워넣는데, 전설에 따르면 오스트리아 황제의 요리사는 연애편지를 비추어 읽을 수 있을 정도로 얇게 펴야 한다고 말했다고 합니다.

Ingrédient

필로 반죽

박력분 160g
소금 1g
올리브오일 22g
물 130g

≈ **Pâte phyllo**

1 볼에 체 친 박력분, 소금, 올리브오일, 물을 넣고 가볍게 주걱으로 반죽해
   줍니다.

2 작업대에 내려 한 덩어리로 반죽해줍니다.

3 랩핑한 후 상온에서 30분간 휴지시켜줍니다.

4 작업대에 면포를 깔고 휴지가 끝난 반죽을 올려 얇게 밀어줍니다.

5 손등 위에 반죽을 올리고 살살 늘려줍니다.

6 손을 옆으로 이동하며 반죽을 전체적으로 늘려줍니다.

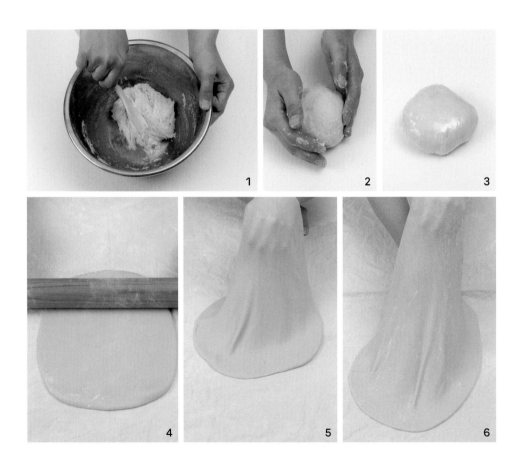

충전물

사과 4개
레몬즙 10g
건포도 50g
시나몬파우더 2g
카소나드 50g

기타

녹인 무염버터 적당량

분량

: 길이 25cm
　스트뤼델 오 폼므 2개

≈ Finition

7　반죽을 펼쳐놓고 녹인 버터를 얇게 골고루 발라줍니다.

8　볼에 잘게 자른 사과, 레몬즙, 건포도, 시나몬파우더, 카소나드를 넣고
　　버무려줍니다

9　⑦ 위에 길게 올려줍니다.

10　반죽을 돌돌 말아줍니다.

11　녹인 버터를 골고루 발라줍니다.

12　170℃로 예열된 오븐에서 30분간 구워 완성합니다.

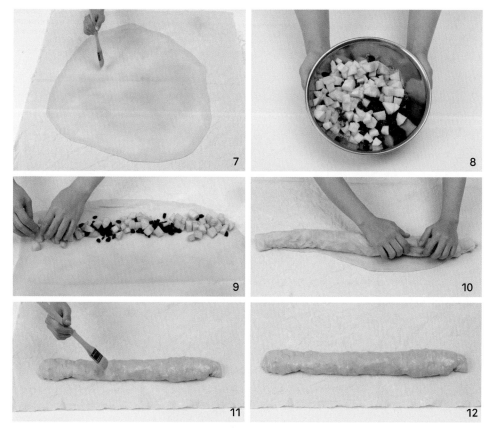

cy

Strasbourg

Colmar

Belfort

nçon

Part 02

프랑스 서부

necy

béry

e

ap

Digne

Nice

PES -
R

on

Bastia

CORSE

Ajaccio

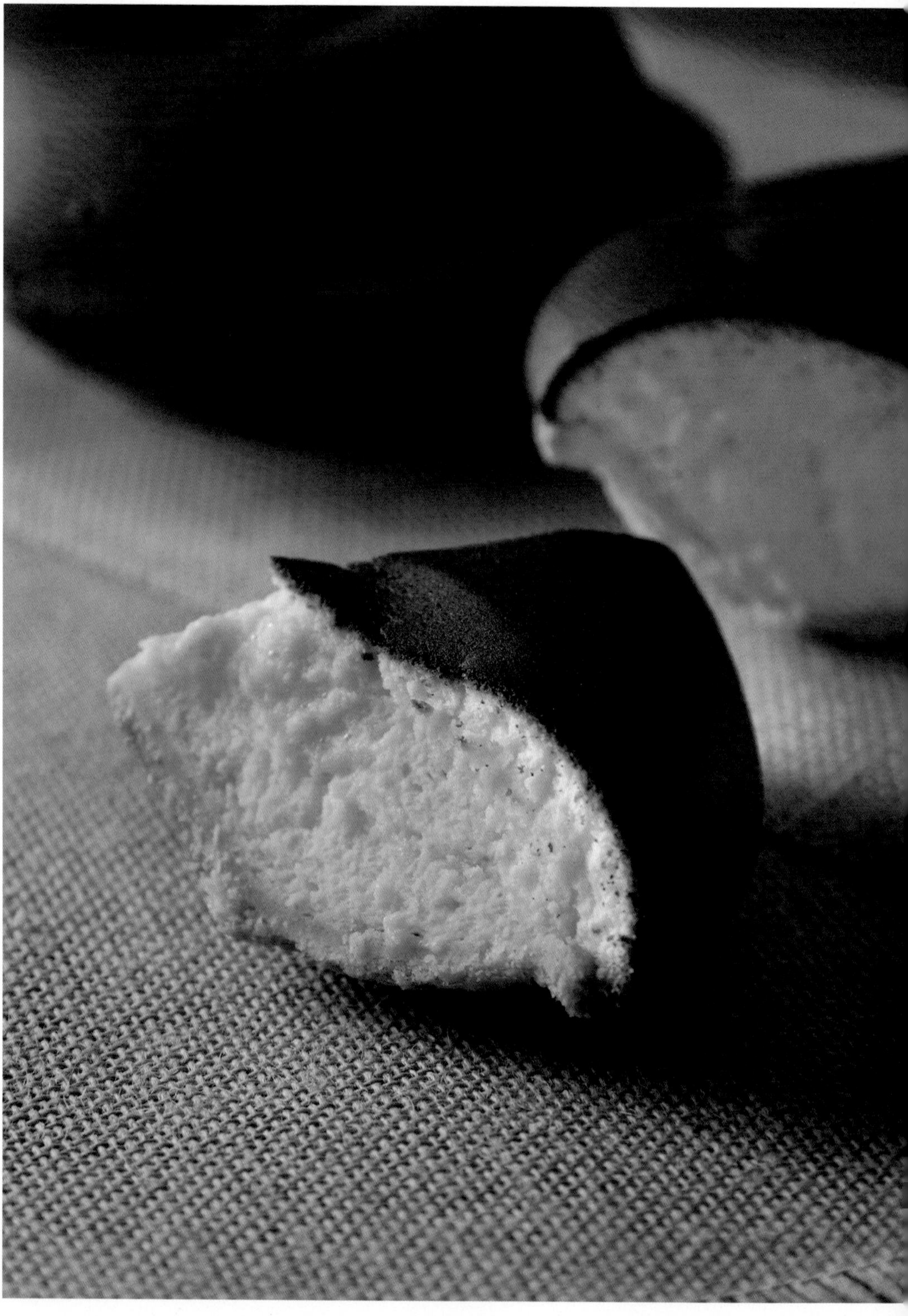

윗면이 까맣게 탄 이 타르트는 푸아투Poitou에서 즐겨 먹는 치즈 타르트입니다. '투르토Tourteau'는 푸아투 언어로 '케이크'를 뜻하는 '투르트리tourterie'에서 유래했습니다. 원래 흙으로 빚은 접시에 구웠지만 푸아투 외에는 이 접시를 찾을 수 없어 지금은 둥근 타르트 틀을 사용합니다.

　푸아투에 낙농업이 자리 잡기 시작한 때는 19세기부터입니다. 1875년 필록세라 곤충으로 인해 포도밭이 황폐화되자 포도원을 낙농장으로 전환시켰고 이후 꾸준히 발전한 푸아투의 낙농업은 1900년대 유아의 질병에 염소젖이 효과가 있다고 인정받으면서 이를 이용한 유제품 생산이 급성장했습니다.

　투르토 프로마제에 사용되는 치즈는 염소 치즈입니다. 뤼피니Ruffigny의 어느 농장에서 염소 치즈 타르트를 구웠는데, 오븐에 넣어둔 하나를 깜박했다가 뒤늦게 발견해 꺼내보니 이미 윗면은 새까맣게 타버린 뒤였습니다. 요리사는 타르트를 버릴까 고민하다 이웃에게 주었고 겉만 타고 속은 부드럽게 익은 치즈 타르트의 풍미가 매우 좋다는 것을 깨달았습니다. 그 뒤 까맣게 태운 염소 치즈 타르트를 행사에 내놓는 관습이 생겼습니다.

　전통적으로 투르토 프로마제는 결혼식에서 많이 먹었고 축제나 부활절에도 기념의 의미로 즐겨 먹었습니다. 보통 결혼식 전날 미리 타르트를 준비하는데, 염소젖이 생산되지 않는 12월에는 만들지 않았다고 합니다. 지금은 계절에 상관없이 식료품점의 냉동식품 코너에서 쉽게 투르토 프로마제를 볼 수 있으며 푸아투뿐만 아니라 다른 지역에서도 쉽게 찾아볼 수 있습니다. 식사 끝의 디저트나 오후 티타임에도 자주 등장합니다.

프랑스 식료품점에서 쉽게 만날 수 있는
투르토 프로마제

Ingrédient

브리제 반죽(31p) 300g

박력분 250g
무염버터 125g
달걀노른자 20g
소금 5g
물 40g

1 휴지가 끝난 차가운 상태의 브리제 반죽을 2mm 두께로 밀어줍니다.

2 지름 15cm의 투르토 프로마제 틀에 반죽을 헐겁게 앉힌 후 가장자리 반죽의 두께가 일정하도록 바닥과 옆면을 눌러 고정시켜줍니다.

3 밀대로 반죽의 윗면을 정리해줍니다.

4 포크로 군데군데 수증기가 나갈 구멍을 내줍니다.

양배 씨의 한마디

투르토 프로마제 윗면이 새까맣게 탈 때까지 구워주세요. 탄맛이 날 것 같지만 염소 치즈, 레몬과 잘 어우러져 쓴맛이 아닌 구수한 풍미를 느낄 수 있답니다.

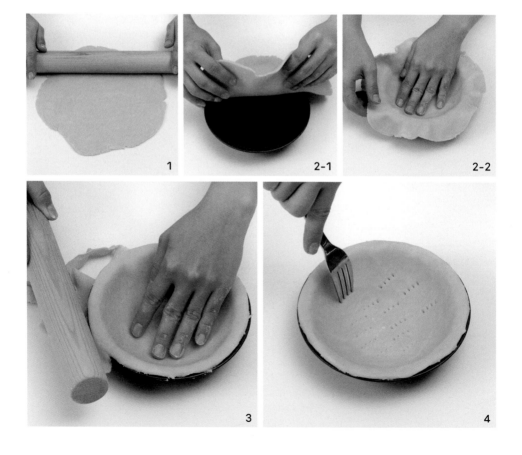

염소 치즈 충전물

설탕 130g

염소 치즈 140g

달걀노른자 80g

레몬제스트 1/2개

박력분 40g

옥수수전분 10g

달걀흰자 160g

소금 1g

분량

: 지름 15cm, 높이 7cm
  틀 2개

≈ Appareil à chèvre

5 볼에 설탕과 염소 치즈를 넣고 가볍게 풀어줍니다.

6 달걀노른자, 레몬제스트를 넣고 섞어줍니다.

7 체 친 박력분과 옥수수전분을 넣고 섞어줍니다.

8 다른 볼에 달걀흰자와 소금을 넣고 단단한 머랭을 만들어줍니다.

9 ⑦에 세 번 나누어 넣고 섞어줍니다.

≈ Finition

10 ④에 채워줍니다.

11 240℃로 예열된 오븐에서 15분간 구운 후 180℃로 낮춰 10분간 더 구워 완성합니다.

▰ 30 ▰ 마카롱 드 몽모리옹 *Macaron de Montmorillon*

'마카롱Macaron'은 이탈리아에서 탄생한 아몬드 과자로, 옛날에는 밀가루, 치즈, 사프란 등이 들어간 수프도 마카롱이라 불렀습니다. 아몬드와 설탕이 들어가는 마카롱은 791년 이탈리아의 수도원에서 만들어졌다고 전해지는데, 육식이 금지되었던 수도원과 수녀원에서 단백질이 풍부한 아몬드를 육류 대신 섭취하기 위해 탄생했다고 합니다. 처음에는 꿀, 아몬드, 달걀흰자로 만들었지만 여러 나라로 퍼지며 각 나라의 환경에 맞는 레시피와 공정으로 변형되었습니다.

마카롱이 프랑스로 넘어온 때는 16세기 이탈리아 메디치 가문의 공주 카트린이 앙리 2세와 결혼하면서부터입니다. 미식의 나라였던 이탈리아 문화가 프랑스 궁정으로 들어오면서 프랑스의 식문화는 한층 더 화려해졌습니다. 크레프, 어니언 수프, 베사멜 소스도 카트린과 함께 동행한 이탈리안 요리사에 의해 전파된 음식이며 이후 마리 드 메디치와 앙리 4세가 결혼하면서 양국의 문화 교류는 더욱 풍부해졌습니다.

마카롱 드 몽모리옹은 마리 드 메디치의 고해 신부 로저 지라르가 몽모리옹Montmorillon으로 레시피를 가져오면서 전해졌고 19세기 중반 샤르티에 자매가 '마르셰 광장place du Marché'에서 이 마카롱을 판매하면서 유명해졌습니다. 여느 도시의 마카롱과 다르게 왕관 모양으로 동그랗게 구워내는 것이 특징인데, 링 모양으로 굽는 마카롱은 몽모리옹과 코르므리Cormery가 유일합니다. 프랑스 각 도시에 퍼져 있는 여러 마카롱을 비교하는 것도 하나의 재미입니다.

Ingrédient

마카롱 반죽
슈거파우더 150g
아몬드가루 150g
달걀흰자 80g
아몬드익스트랙 1g

기타
강력분 적당량

≈ Pâte à macarons

1 볼에 체 친 슈거파우더, 아몬드가루, 달걀흰자, 아몬드익스트랙을 넣고 섞어줍니다.

≈ Finition

2 지름 5cm의 원형 틀에 강력분을 묻혀 팬에 자국을 내줍니다.

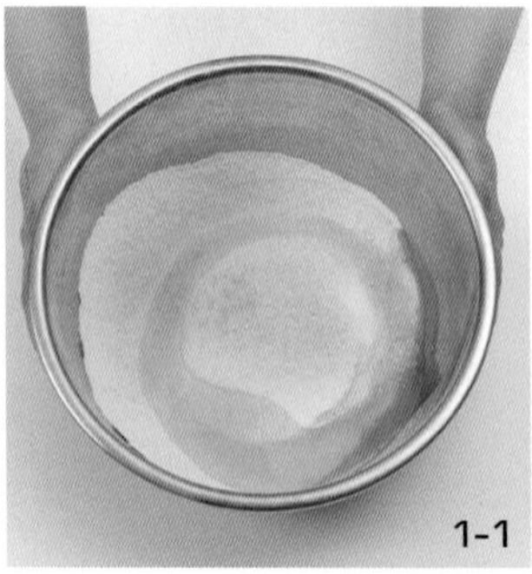
1-1

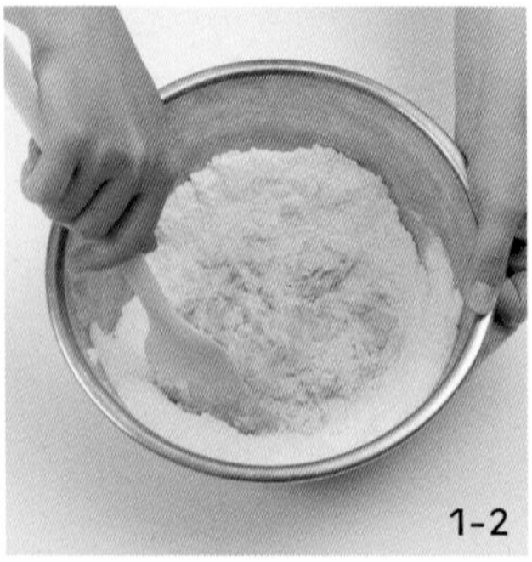
1-2

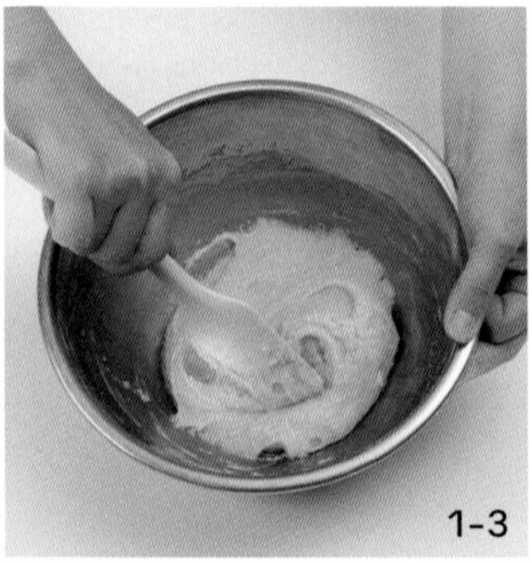
1-3

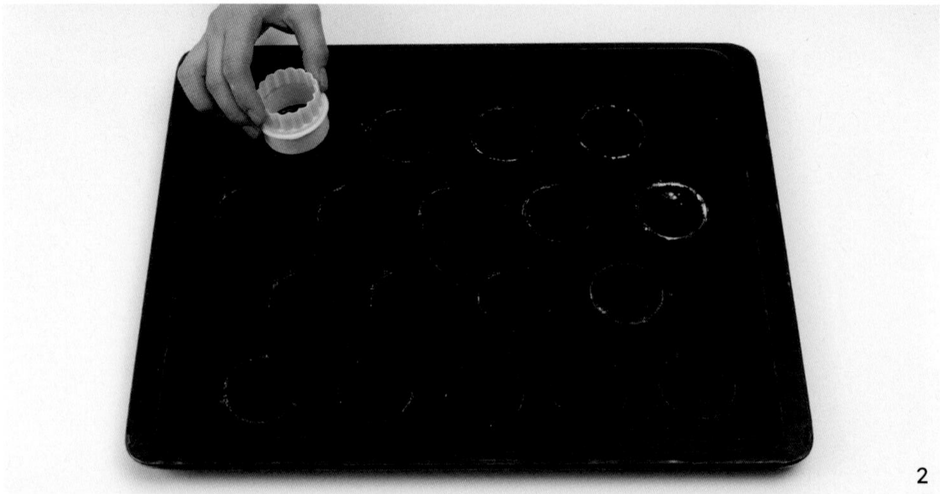
2

분량

: 지름 5cm 마카롱 30개

3 반죽을 지름 1.5cm의 별 깍지를 끼운 짤주머니에 담은 후 자국을 따라 동그랗게 파이핑해줍니다.

4 180℃로 예열된 오븐에서 10분간 구워 완성합니다.

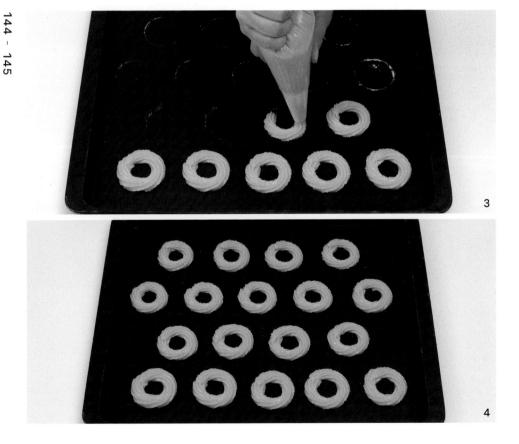

3

4

■ 31 ■ 코르뉘엘   *Cornuelle*

코르뉘엘은 우리에게 버터 브랜드로 잘 알려진 에쉬레가 있는 되세브르Deux-Sèvres의 향토 과자입니다. 프랑스 서남부에서 종려 주일(부활절 바로 전 주) 전후로 만들어 먹습니다. 축복을 뜻하는 삼각형 과자의 가운데 구멍에 회양목을 감아 주로 교회 앞에서 판매했는데, 지금은 빵집이나 제과점, 식료품점에서 쉽게 볼 수 있습니다.

    과자의 삼각형 모양은 두 가지를 뜻합니다. 이교도에서는 여성의 치골을 상징해 출산, 다산, 번영을 뜻하고 기독교에서는 삼위일체(성부, 성자, 성령)를 뜻합니다. 리무쟁Limousin에도 '코르뉘Cornue'라는 브리오슈로 만든 아주 긴 형태의 과자가 있는데, 이교도에서는 남성의 성을 상징해 번영을 뜻하고 기독교에서는 코르뉘엘과 마찬가지로 삼위일체를 뜻합니다. 종려 주일에 먹는 또 하나의 과자인 '핀 데 라모Pine de Rameaux'도 있습니다. 코르뉘엘이 여성을 상징했다면 핀 데 라모는 남성을 상징합니다. 다산과 생명을 뜻하며 예전에는 오렌지꽃물을 넣은 빵 반죽을 끓는 물에 데친 뒤 오븐에 구워 먹었다고 합니다. 지금은 슈 반죽을 특정 모양으로 구워 크림을 샌드해 먹는데, 샤랑트마리팀Charente-Maritime 지방에서 많이 볼 수 있습니다.

    전통적으로 코르뉘엘 반죽에는 아니스 씨와 오렌지꽃물을 넣어 향을 냅니다. 또 사블레 반죽 대신 푀이테 반죽으로 굽거나 크림을 채우고 바닐라, 레몬 향을 더하는 등 도시마다 변형된 코르뉘엘이 판매되고 있습니다.

Ingrédient

사블레 반죽

무염버터 75g

설탕 100g

소금 1g

달걀전란 30g

달걀노른자 15g

박력분 250g

베이킹파우더 2g

아니스가루 1g

오렌지꽃물 2g

≈ Pâte sablée

1 볼에 포마드 상태의 버터, 설탕, 소금을 넣고 섞어줍니다.

2 달걀전란과 달걀노른자를 넣고 섞어줍니다.

3 체 친 박력분, 베이킹파우더, 아니스가루, 오렌지꽃물을 넣고 섞어줍니다.

4 완성된 반죽은 랩핑한 후 냉장실에서 1시간 이상 휴지시켜줍니다.

기타
달걀물 적당량
스프링클 적당량

분량
: 길이 7cm 코르뉘엘 15개

≈ Finition

5 휴지가 끝난 반죽은 3mm 두께로 밀어줍니다.

6 각 변의 길이가 3cm인 삼각형 모양 틀로 찍어줍니다.

7 3cm 간격을 두고 팬닝한 후 지름 1.5cm의 원형 깍지를 이용해 중앙에 구멍을 내줍니다.

8 달걀물을 얇게 골고루 발라줍니다.

9 포크로 무늬를 내줍니다.

10 스프링클을 뿌린 후 170℃로 예열된 오븐에서 15분간 구워 완성합니다.

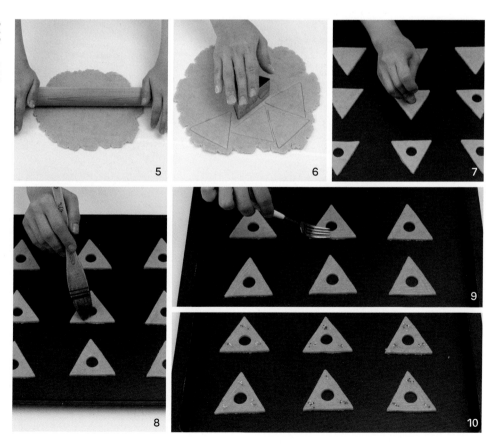

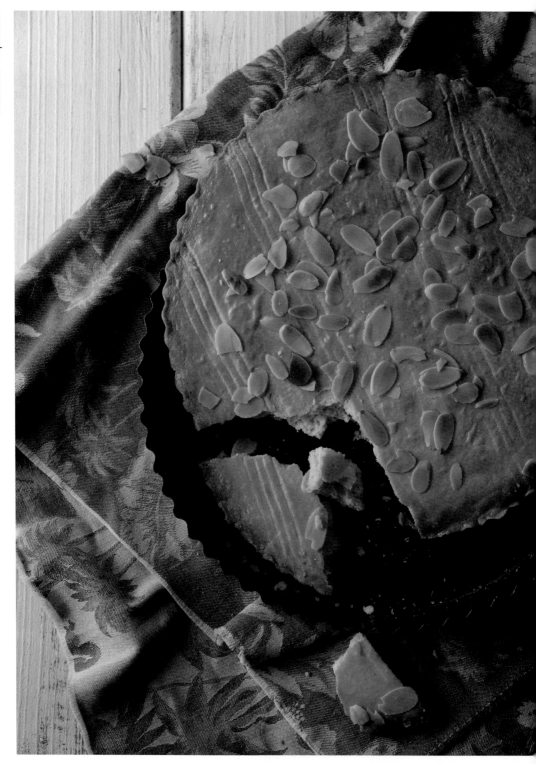

                                Broyé du Poitou

브라예 뒤 푸아투는 '부순', '빻은'이라는 뜻의 '브라예broyé'라는 단어 그대로 부숴 먹는 마른 과자입니다. 19세기부터 만들어 먹기 시작했으며 성찬식에서 과자를 주먹으로 깨뜨려 최후의 만찬의 빵처럼 나누어 먹는 것에서 유래했습니다. 지금은 성찬식에서의 관습은 사라졌지만 축하와 기념의 의미를 담아 결혼식이나 파티에서 나누어 먹는 풍습이 남아 있습니다. 먹을 것이 풍족하지 못했던 옛날에는 파티나 모임에 참석하지 못한 사람과 아이들에게 나누어 주기 위해 부순 과자를 주머니에 넣어 가져가는 것이 일반적이었습니다.

브라예 뒤 푸아투는 밀가루, 버터, 설탕, 달걀, 소금을 넣어 만드는 과자로, 원래는 브랜디(코냑)도 넣었지만 지금은 생략하는 경우가 많습니다.

프랑스에서는 백화점이나 기념품점에서 쉽게 지역 특산품을 만날 수 있습니다. 제가 구매한 브라예 뒤 푸아투도 파리의 큰 식료품점에서 찾았습니다. 원형의 철제 케이스에 포장되어 있었는데, 옛날부터 이 과자는 주로 철제 케이스에 담아 하얀 천으로 포장했다고 합니다. 아마도 크기가 큰 원형과자라 부서지지 않도록 고안된 포장법인 것 같습니다.

1976년부터 브라예 뒤
푸아투를 판매하기 시작한
'굴리뵈르(Goulibeur)' 사의 브라예

브라예 뒤 푸아투는 주로 철제 케이스에
포장되어 판매된다.

Ingrédient

사블레 반죽

박력분 250g
가염버터 5g
슈거파우더 125g
달걀전란 60g
다크럼 1g

≈ Pâte sablée

1 볼에 체 친 박력분, 버터, 슈거파우더를 넣고 섞어줍니다.

2 달걀전란과 다크럼을 넣고 섞어줍니다.

3 지름 30cm의 원형 틀에 넣고 1cm 두께로 펴줍니다.

기타
달걀물 적당량
슬라이스 아몬드 적당량

분량
: 지름 30cm, 높이 1cm
 틀 1개

4 달걀물을 얇게 골고루 바른 후 포크로 무늬를 내줍니다.

5 슬라이스 아몬드를 뿌려줍니다.

6 170℃로 예열된 오븐에서 35분간 구워 완성합니다.

4

5

6

■ 33 ■ 가토 바스크 *Gâteau basque*

바스크Basque는 피레네산맥 서부에 있는 지역으로, 스페인과 프랑스에 걸쳐져 있습니다. 전통적으로 일곱 곳의 지역으로 나뉘는데, 피레네산맥을 기준으로 스페인령 남바스크 네 곳, 프랑스령 북바스크 세 곳으로 구분됩니다. 바스크인은 이베리아반도에서 가장 오래된 역사를 가진 민족이지만 긴 시간 외세의 지배를 받으면서 분열되었고 외국의 가문들에 의해 다스려졌습니다. 18세기부터 주민들 중 바스크어를 사용하고 독자적 문화를 고집하는 집단이 생겨났고 1979년 스페인 정부로부터 자치권을 인정받았으나 끝내 독립은 하지 못했습니다.

가토 바스크는 프랑스령 북바스크의 캉보레방Cambo-les-Bains에서 19세기에 등장한 과자로, 일요일이나 공휴일 같은 특별한 날 먹는 디저트였습니다. 제과사 마리안 이리고엥이 어머니에게 배운 레시피를 이용해 바욘 시장에서 '가토 드 캉보Gâteau de Cambo'를 팔았습니다. 그러다 1832년 제과점 '쇠르 비스코츠Sœurs Biskotx'를 오픈했고 가토 바스크라는 이름으로 바꾸어 본격적으로 생산했습니다. 가토 바스크의 레시피는 끝까지 비밀에 부쳐지다 마리안의 손녀 자매 중 언니 안느가 죽기 전 비로소 제과점의 제과사에게 전수했습니다. 캉보레방에서는 이를 기념해 매년 10월 가토 바스크 축제가 열립니다.

캉보레방은 아니지만 저는 보르도Bordeaux에서 먹었던 가토 바스크가 기억에 남습니다. 시장에서 손바닥만한 크기로 구워 팔던 가토 바스크였는데, 버터 풍미만으로도 입안이 행복해졌던 과자입니다. 여러 향토 과자를 맛보면서 깨닫는 사실 중 하나는 기본 재료만으로도 얼마든지 맛있는 과자를 만들 수 있다는 점입니다.

시장에서 만난 가토 바스크

Ingrédient

가토 바스크 반죽

무염버터 200g

설탕 200g

소금 3g

달걀노른자 5g

박력분 400g

베이킹파우더 3g

≈ Pâte à gâteau basque

1 포마드 상태의 버터를 가볍게 풀어줍니다.

2 설탕과 소금을 넣고 섞어줍니다.

3 달걀노른자를 넣고 섞어줍니다.

4 체 친 박력분과 베이킹파우더를 넣고 섞어줍니다.

5 완성된 반죽은 랩핑한 후 냉장실에서 2시간 휴지시켜줍니다.

파티시에 크림(52p) 450g

우유 300g

달걀노른자 60g

설탕 75g

강력분 30g

바닐라빈 1/4개

기타

달걀물 적당량

분량

: 지름 15cm, 높이 4cm

틀 2개

≈ Finition

6 휴지가 끝난 반죽은 5mm 두께로 밀어줍니다.

7 지름 15cm 타르트 틀에 반죽을 헐겁게 앉힌 후 가장자리 반죽의 두께가 일정하도록 바닥과 옆면을 눌러 고정시켜줍니다.

8 밀대로 반죽의 윗면을 정리해줍니다.

9 완전히 식은 파티시에 크림을 짤주머니에 담아 평평하게 채워줍니다.

10 남은 반죽은 다시 5mm 두께로 밀어준 후 윗면에 덮고 가장자리를 정리해줍니다.

11 달걀물을 골고루 얇게 발라줍니다.

12 포크로 무늬를 내줍니다.

13 뾰족한 도구로 군데군데 수증기가 나갈 구멍을 낸 후 170℃로 예열된 오븐에서 45분간 구워 완성합니다.

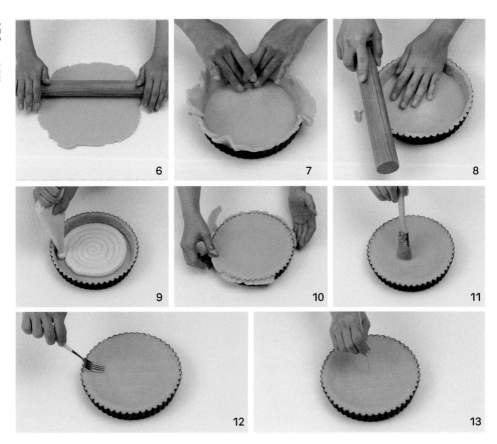

◼ 34 ◼ 마카롱 드 생떼밀리옹 *Macaron de Saint-Émilion*

포도밭으로 유명한 생떼밀리옹Saint-Émilion에서 '마카롱Macaron'이 만들어진 것은 1620년 우르술라 수녀원에서였습니다. 원래 마카롱은 이탈리아에서 만들어졌지만 르네상스시대에 프랑스로 넘어와 전역으로 퍼지면서 지역마다 특징을 담아 변형되었습니다.

마카롱 드 낭시와 비슷하게 마카롱 드 생떼밀리옹도 수녀들에 의해 퍼지게 되었습니다. 프랑스 혁명으로 인한 핍박에 숨어다니던 수녀들이 생떼밀리옹으로 들어와 은둔하면서 자신들을 숨겨준 사람들에게 감사의 표시로 마카롱 레시피를 전달했습니다. 이 마카롱은 19세기에 생떼밀리옹의 특산품으로 자리 잡았고, 이곳에서 생산되는 최고급 와인과 함께 먹는 디저트로 유명해지기도 했습니다.

와인으로 유명한 생떼밀리옹이어서인지 초기의 레시피에는 마카롱 반죽에 화이트 와인이 들어 갔습니다. 하지만 지금은 와인 대신 오렌지꽃물이나 바닐라를 넣어 굽는 경우가 더 많습니다. 쫀득하고 부드러운 식감이 꼭 마지팬을 구워 먹는 느낌이고 아몬드와 비터아몬드를 섞어 반죽해야 아몬드의 고소하고 상쾌한 풍미를 느낄 수 있습니다. 마카롱 드 생떼밀리옹도 마카롱 드 낭시처럼 반죽을 짜서 구운 종이 그대로 잘라 포장해 판매합니다.

생떼밀리옹에서 판매하고 있는
마카롱 드 생떼밀리옹

종이와 함께 포장되어 있는
마카롱 드 생떼밀리옹

Ingrédient

마카롱 반죽
슈거파우더 175g
아몬드가루 100g
달걀흰자 80g
아몬드익스트랙 2g

분량
: 지름 5cm
 마카롱 드 생떼밀리옹 25개

≈ Pâte à macarons

1 볼에 체 친 슈거파우더, 아몬드가루, 달걀흰자, 아몬드익스트랙을 넣고 섞
어줍니다.

≈ Finition

2 팬에 종이호일을 깔고 반죽을 지름 1cm의 원형 깍지를 끼운 짤주머니에
담아 일정한 간격을 두고 지름 3cm의 원형으로 파이핑해줍니다.

3 상온에서 40분간 건조시킨 후 175℃ 오븐에서 15분간 구워 완성합니다.
완성된 마카롱은 종이호일과 분리하지 않고 그대로 두고 먹을 때 떼어 먹
습니다.

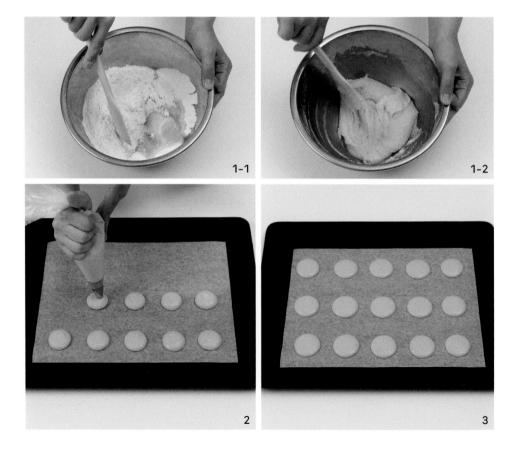

① 퐁뇌프 다리 앞 고서적 거리

퐁뇌프(Pont-Neuf)와 퐁 데 자르(Pont des Arts) 사이의 케 드 콩티(Quai de Conti)에는 고서적상들이 이어져 있습니다.

그중 요리책을 전문으로 취급하는 고서적 상인인 알랑 오쉐 아저씨에게는 200~300년이 훌쩍 넘은 요리 고서적들이 있습니다. 관심 있는 분야나 시대를 말하면 적당한 책을 꺼내 보여주는데, 파리에서 거의 유일무이하게 오프라인으로 제과 고서적을 살 수 있는 곳이기도 합니다. 카드 결제도 가능합니다.

영업 시간: 날씨에 따라 변동이 잦다. 보통 낮 12시부터 오후 5시 사이에 둘러볼 수 있다.
위치: 파리 조폐국(Monnaie de Paris) 맞은편, 요리 포스터가 걸려 있는 노점 앞에 안경 쓴 아저씨를 찾으면 된다.

② 구르망드 서점(Librairie Gourmande)

1985년에 문을 연 구르망드 서점은 요리, 제과, 제빵 관련된 서적들만 전문으로 판매하는 서점입니다. 제과제빵 서적은 2층에 많고 1층 계산대 옆에 프랑스 지역별로 요리책을 구분해놓은 코너도 있습니다. 여기도 고서적을 취급하는데 웹사이트에서 미리 책을 찾아본 뒤 방문하면 책을 찾기 더 쉽습니다.

웹사이트: www.librairiegourmande.fr
영업 시간: 월~토 오전 11시~오후 7시
위치: 92-96 rue Montmartre 75002 Paris, Les Halls 역에서 도보 10분 거리

③ 엔틱 북 마켓

파리 15구의 조르주 브라상(Georges Brassens) 공원에서는 매 주말 고서적 벼룩시장이 열립니다. 1897년부터 운영된 이 시장은 다양한 배경을 가진 50여 곳의 서점이 모여서 오래된 책과 현대의 책, 절판된 만화, 신문, 포스터 등을 판매하고 있습니다. 또 작가, 출판사, 예술가들이 함께 참석하는 가운데 정기적으로 문학 회의와 전시회도 개최합니다.

웹사이트: www.marchedulivre-paris.fr
영업 시간: 매주 토, 일 오전 9시~오후 6시
위치: 104 Rue Brancion, 75015 Paris, 지하철 12호선 convention 역에서 도보 10분 거리

④ BnF(프랑스 국립 도서관)

4만 9천여 권의 도서 및 자료를 보관하고 있는 프랑스 국립 도서관은 파리 5대학과도 인접해 있어 대학생들이 많이 찾는 곳으로도 유명합니다. 연구 도서 열람 이용은 프랑스 대학생 또는 패스를 소지한 전문가만 이용이 가능하지만, 공공 도서 열람은 1일 또는 연간 방문권을 끊으면 누구나 이용이 가능합니다. 현장에서 방문권을 끊을 경우 꼭 신분증이 있어야 합니다. 도서 열람 이외에도 시청각실, 특별전시도 즐길 수 있습니다.

이용 시간: 매일 오전 10시 ~ 오후 8시
위치: Quai François Mauriac, 75706 Paris

■ 35 ■ 카눌레 드 보르도   *Cannelé de Bordeaux*

카눌레 드 보르도는 15세기 또는 18세기 보르도Bordeaux의 안농시아드 수도원에서 만들어진 것으로 추측됩니다. 리모주Limoges에는 밀가루와 달걀노른자로 만든 '카놀Canole'이라는 빵이 있었는데, 18세기 이후 보르도에서 '카놀Canaule' 또는 '카노레Canaulet'라는 이름으로 판매된 것과 동일한 제품일 수도 있습니다. 전하는 이야기 중 하나로 옛날에는 수도원에서 와인을 생산했는데, 달걀흰자를 사용해 와인 앙금을 없앴고 남은 달걀노른자를 활용한 것이 카놀 또는 카노레라는 이야기가 있습니다.

보르도에는 카노리예라는 빵 굽기 장인들이 있었습니다. 그들은 카노레 등을 전문으로 굽는 사람들이었으며 카노레 협회를 만들어 카노레, '르토르티용Retortillons' 등 몇 가지 과자 레시피의 독점권을 주장해 협회에 가입되지 않은 곳은 카노레 틀도, 레시피도 사용할 수 없었습니다. 프랑스 혁명 전까지 이런 제한은 계속 유지됐지만 보르도에만 적어도 40개 이상의 카노레 판매점이 있을 정도로 보르도를 대표하는 과자가 되어 있었습니다.

20세기에 들어 카노레 독점권이 사라지자 반죽에 럼과 바닐라 등을 넣은 지금의 형태에 가까운 레시피가 탄생했습니다. 이름도 카노레에서 카눌레로 바뀌었는데, '세로로 파인 홈'이라는 이라는 뜻의 '카늘뤼르cannelure'에서 비롯된 이름인 것 같습니다. 이후 카눌레가 프랑스를 대표하는 과자가 된 것은 파리의 '포숑Fauchon'에서 피에르 에르메가 만들기 시작하면서 전국적으로 유명해졌습니다.

제가 가장 맛있게 먹었던 카눌레 드 보르도는 카퓌생 시장Marché des Capucins에서 가토 바스크와 함께 먹었던 것이었습니다. 껍질은 얇고 바삭했지만 속은 부드러웠던 카눌레 드 보르도는 럼과 바닐라가 들어가지 않아도 달걀이 이렇게 맛있는 맛을 낼 수 있구나라고 생각하게 했던 과자였습니다.

보르도 시장에서 만난 카눌레 드 보르도   보르도에서 판매하는 카눌레 틀

Ingrédient

우유 500g
바닐라빈 1/2개
박력분 80g
강력분 50g
설탕 250g
달걀전란 30g
달걀노른자 40g
녹인 무염버터 25g
다크럼 40g

1 냄비에 우유와 바닐라빈을 넣고 따뜻할 정도로 가열한 후 불에서 내려 식혀줍니다.

2 볼에 체 친 박력분, 강력분, 설탕, 달걀전란, 달걀노른자를 넣고 섞어줍니다.

3 ①을 조금씩 넣어가며 섞어줍니다.

4 녹인 버터와 다크럼을 넣고 섞은 후 계량컵에 담아 랩핑해 냉장실에서 반나절 동안 휴지시켜줍니다.

기타
밀납 또는
무염버터 적당량

분량
: 지름 4.5cm, 높이 4.5cm
 카눌레 틀 20개

5 카눌레 틀 안쪽에 밀랍 또는 버터를 얇게 골고루 발라줍니다.

6 휴지가 끝난 반죽은 상온에 30분 이상 꺼내둡니다. 반죽의 아래와 위가
   잘 섞이도록 주걱으로 휘저어준 후 카눌레 틀에 90% 정도 채워줍니다.

7 220℃로 예열된 오븐에서 10분간 구운 후 180℃로 낮춰 30분간 더 구워
   완성합니다. 구워져 나온 카눌레는 곧바로 틀에서 분리해 식혀줍니다.

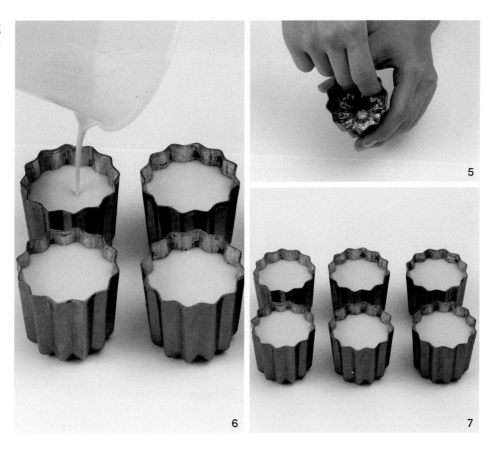

■ 36 ■ 뤼스 돌로롱 *Russe d'Oloron*

러시아와 이름이 똑같은 이 케이크는 1925년 올로롱생트마리Oloron-Sainte-Marie의 아드리앙 아르가 레드라는 제과사가 개발한 것입니다. 뤼스 돌로롱의 탄생에는 역시나 여러 이야기가 있는데, 올로롱 Oloron에 피난 왔던 러시아 난민의 레시피라는 이야기도 있고, 알제리의 '카스텔Castel'이라는 과자가 프랑스로 넘어오면서 슈거파우더를 뿌린 모양이 러시아의 눈 덮인 평원을 떠올리게 해 붙여진 이름이 라는 이야기도 있습니다. 역사가 오래된 케이크는 아니지만 베아른Béarn을 대표하는 향토 과자입니다.

Ingrédient

뤼스 비스퀴 반죽 400g

달걀흰자 185g

설탕 25g

아몬드TPT 125g

우유 40g

박력분 25g

≈ Pâte à biscuits russe

1 볼에 달걀흰자와 설탕을 넣고 휘핑해 단단한 상태의 머랭을 만들어줍니다.

2 다른 볼에 아몬드TPT(아몬드가루와 슈거파우더를 1:1 비율로 섞은 것), 우유를 넣고 섞어줍니다.

3 ①을 1/3 정도 넣고 섞어줍니다.

4 체 친 박력분을 넣고 섞은 후 남은 머랭을 넣고 섞어줍니다.

5 유산지 또는 테프론시트를 깐 팬에 반죽을 붓고 골고루 펴준 후180℃로 예열된 오븐에서 10분간 구워줍니다.

6 가로세로 15cm의 정사각형 모양으로 2장 잘라줍니다.

무슬린 크림

물 40g
설탕 125g
달걀노른자 65g
무염버터 125g
프랄리네 30g

기타

슈거파우더 적당량

분량

: 가로 15cm, 세로 15cm,
　높이 4cm 무스 틀 1개

≈ Crème mousseline au praliné

7　냄비에 물과 설탕을 넣고 110℃까지 가열해줍니다.

8　볼에 달걀노른자를 넣고 거품이 뽀얗게 올라올 때까지 휘핑한 후 ⑦을 조금
　씩 흘려 넣어가며 섞어줍니다.

9　식으면 포마드 상태의 버터를 넣고 섞어줍니다.

10　프랄리네를 넣고 섞어줍니다.

≈ Finition

11　유산지에 가로세로 15cm의 정사각형 틀을 올리고 ⑥의 반죽 1장을 깔아준
　후 무슬린 크림을 짤주머니에 담아 3cm 두께로 파이핑해줍니다.

12　남은 ⑥의 반죽 1장을 올린 후 틀째 냉동실에서 2시간 이상 얼려 굳혀줍니다.

13　토치로 틀의 가장자리를 데워 비스퀴와 분리한 후 따뜻한 칼날로 옆면을 매
　끄럽게 정리해줍니다.

14　슈거파우더를 뿌려 완성합니다.

프랑스에서 1월 6일은 기독교에서 동방 박사들이 아기 예수를 만난 날인 주현절입니다. 주현절에는 '갈레트 데 루아Galette des rois'를 먹는 것으로 많이 알려져 있지만 프랑스 남부와 이베리아반도에서는 가토 데 루아를 먹습니다.

가토 데 루아의 기원은 로마시대에서 찾을 수 있습니다. 하지 이후 낮이 길어지는 것을 축하하며 토성의 신에게 감사 축제를 올릴 때 무화과, 대추, 꿀 등을 넣은 케이크를 주인과 노예 구분 없이 공평하게 나누어 먹었습니다. 케이크 안에는 콩이 들어 있는데 이 콩을 찾는 사람은 하루 동안 왕이 될 수 있었습니다.

16세기 파리에서는 제빵사와 제과사가 가토 데 루아의 판매 독점권을 놓고 팽팽하게 맞섰습니다. 결국 18세기까지 제과사에게 독점권이 부여되어 제과점만 가토 데 루아를 판매할 수 있었습니다. 프랑스 혁명 때는 왕의 권위가 떨어지자 왕의 케이크라 불리던 가토 데 루아를 먹는 것이 금기시되기도 했습니다. 현재 파리에서는 가토 데 루아보다 갈레트 데 루아를 더 많이 판매합니다.

저도 엑상프로방스Aix-en-Provence와 스페인으로 여행 갔을 때 가토 데 루아를 만날 수 있었는데, 주현절은 아니었지만 1년 내내 제과점에서 판매하고 있었습니다. 브리오슈를 큰 도넛 모양으로 구운 뒤 색색의 건과일로 화려하게 장식해놓은 모습이 꼭 왕관을 표현한 것처럼 보였습니다. 현실에서는 왕이 될 수 없지만 가토 데 루아를 나누어 먹는 순간만큼은 누구나 왕이 되는 즐거운 상상을 해볼 수 있습니다.

스페인 바르셀로나에서 만난 가토 데 루아.
스페인에서는 '토스텔 데 레이스(Tortell des Reis)'라고 부른다.

Ingrédient

브리오슈 반죽

박력분 250g

강력분 250g

설탕 100g

소금 8g

오렌지제스트 5g

레몬제스트 5g

드라이이스트 8g

달걀전란 165g

다크럼 50g

오렌지꽃물 50g

무염버터 100g

기타

강력분 적당량

≈ Pâte à brioche

1 볼에 체 친 박력분과 강력분, 설탕, 소금, 오렌지제스트, 레몬제스트, 드라이이스트, 달걀전란, 다크럼, 오렌지꽃물을 넣고 믹싱해줍니다.

2 글루텐이 형성되기 시작하고 잘 늘어나는 상태가 되면 차가운 상태의 버터를 조금씩 넣어가며 믹싱해줍니다.

3 버터가 반죽에 완전히 흡수되면 덧가루(강력분)를 뿌린 볼에 넣고 입구를 랩핑한 후 냉장실에서 반나절 동안 1차 발효시켜줍니다.

4 1차 발효가 끝난 반죽이 두 배 정도 부풀면 펀치해 가스를 빼줍니다.

5 둥글리기한 후 냉장실에서 15분간 휴지시켜줍니다.

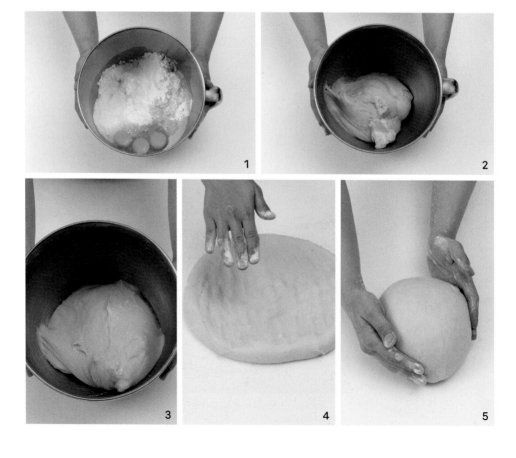

기타

달걀물 적당량
오렌지콩피 적당량
당절임 과일 적당량
우박설탕 적당량

분량

: 지름 20cm, 높이 7cm
  가토 데 루아 2개

≈ Finition

6 휴지가 끝난 반죽은 300g씩 분할합니다.

7 둥글게 성형한 후 밀대로 반죽의 중앙에 구멍을 만들어줍니다.

8 반죽을 돌려가며 구멍을 조금씩 늘려 지름 15cm의 도넛 모양으로 만들
    어줍니다.

9 팬닝한 후 상온에서 두 배로 부풀 때까지 2차 발효시켜줍니다.

10 2차 발효가 끝난 반죽에 달걀물을 얇게 골고루 발라줍니다.

11 175℃로 예열된 오븐에서 30분간 구워줍니다. 구워져 나온 브리오슈를
    식힌 후 오렌지콩피, 당절임 과일, 우박설탕으로 장식해 완성합니다.

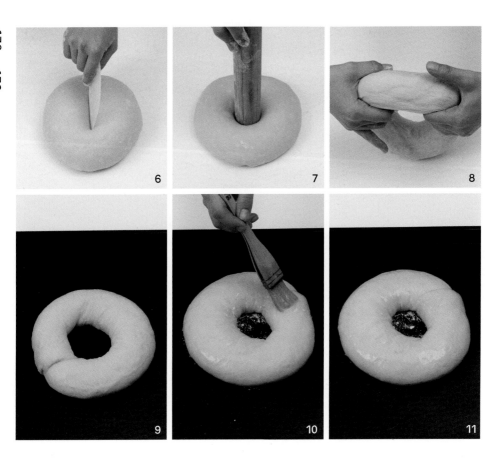

■ 38 ■ 클라푸티 리무쟁   *Clafoutis limousin*

클라푸티 리무쟁은 죽 형태의 반죽에 체리를 넣어 굽는 리무쟁Limousin의 향토 과자입니다. 전통적으로 리무쟁에서는 이 과자를 구울 때 체리 씨를 제거하지 않습니다. 체리 씨에 들어 있는 벤츠 알데히드 성분 때문에 아몬드 향과 같은 독특한 향이 반죽에 베어들기 때문입니다. 독성이 있다고는 하지만 워낙 소량이라 섭취에는 문제가 없습니다.

　클라푸티 리무쟁에는 기본적으로 검은 체리를 사용하지만 자두, 사과, 서양배 등 다양한 과일을 사용해 굽기도 합니다. 체리가 아닌 다른 과일이 들어갈 경우에는 '클라푸티Clafoutis'라는 이름 대신 '플로냐드Flaugnarde'라 부릅니다. 클라푸티는 '채워지다'라는 뜻의 고대 프랑스어 동사 '클로피르 claufir'에서 비롯되었는데, 아마도 씨를 제거하지 않은 '속이 채워진' 체리를 사용해서 붙은 이름이라 생각됩니다. 클라푸티 리무쟁 같은 죽 형태의 묽은 반죽들은 '농부의 과자'라 부르기도 하는데, 아마도 적은 양의 곡물가루로 많은 양의 양식을 만들어 배불리 먹을 수 있어서 그런 것 같습니다. 이 과자의 유래는 아주 오래됐지만 프랑스 전역으로 퍼진 것은 19세기부터입니다.

　제가 처음 클라푸티 리무쟁을 접한 것은 보르도Bordeaux의 어느 식당에서였습니다. 프랑스에 가면 왠지 모르게 식사에 와인을 꼭 곁들이고 싶고 아무리 배불리 요리를 먹어도 디저트로 꼭 입가심을 하고 싶어집니다. 그런데 때마침 복숭아를 넣은 클라푸티 리무쟁이 디저트 메뉴에 있어 먹어봤습니다. 투박하게 큰 조각으로 잘라낸 클라푸티 리무쟁을 접시에 놓고 생크림을 짜올려주는데, 화려하고 섬세한 맛은 아니지만 마음을 편안하게 해주는 부드럽고 따뜻한 맛이었습니다.

시장에서 판매하는
클라푸티 리무쟁

식당에서 디저트로
나온 클라푸티 리무쟁

Ingrédient

박력분 55g
설탕 45g
소금 0.5g
달걀전란 100g
우유 75g
생크림 245g
그리오트 모렐로(레드 사워
체리) 200g
무염버터 45g

기타

무염버터 적당량
설탕 적당량

1 볼에 체 친 박력분, 설탕, 소금을 넣고 가볍게 섞어줍니다.

2 달걀전란을 넣고 섞어줍니다.

3 우유와 생크림을 넣고 섞어 줍니다.

4 오븐용 도기에 버터를 골고루 발라줍니다.

5 설탕을 넣고 도기를 둘려가며 골고루 묻혀줍니다.

분량

: 지름 18cm, 높이 4cm
 도기 1개

6 물기를 제거한 그리오트 모렐로를 바닥에 깔아줍니다.

7 그리오트 모렐로가 움직이지 않도록 조심스럽게 ③을 부어줍니다.

8 잘게 쪼갠 버터 45g을 올려줍니다.

9 175℃로 예열된 오븐에서 1시간 구워 완성합니다.

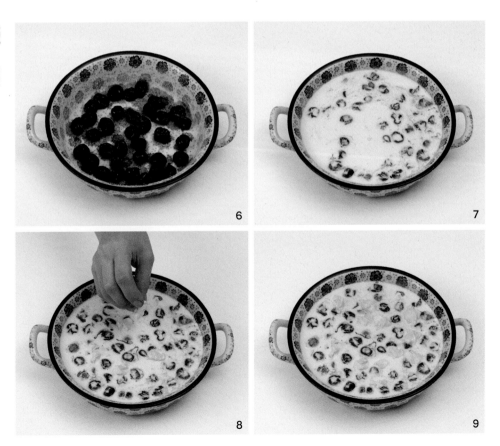

크뢰즈와는 리무쟁Limousin에 속하기도 하는 라 크뢰즈La Creuse에서 만들어진 헤이즐넛 케이크입니다. 이 케이크는 15세기부터 만들었으며 그 흔적은 1969년 라 크뢰즈의 오래된 수도원에서 발견된 책에서 찾을 수 있습니다. 책에는 프랑스어로 '속이 빈 타일에 굽는 과자'라고 적혀 있는데, 실제로도 지붕 기왓장의 앞뒤를 막아 배 모양으로 만든 뒤 반죽을 담아 구웠습니다.

크뢰즈와는 라 크뢰즈 제과 협회 회장이었던 앙드레 라콩브가 지역 특산품으로 등록하면서 유명해졌습니다. 고대 요리법에 헤이즐넛과 버터를 추가해 새로운 레시피를 개발했고, 이 레시피는 라 크뢰즈 제과 협회 서른한 명의 제과사만 가지고 있습니다.

프랑스는 전 세계에서 일곱 번째 헤이즐넛 생산국으로, 특히 아키텐Aquitane과 미디피레네Midi-Pyrénées는 프랑스 헤이즐넛 생산의 80%를 차지합니다. 그래서 리무쟁의 향토 과자인 크뢰즈와도 원래의 레시피에서 헤이즐넛을 첨가하는 것으로 변형되었습니다. 레시피 독점권을 가진 라 크뢰즈 제과 협회원들은 동일한 레시피로 크뢰즈와를 만들고 동일한 방법으로 보관해야 했습니다. 이렇게 만들어진 것은 '르 크뢰즈와Le Creusois'라는 이름표가 붙어 판매됩니다. 또 이 제과 협회에서 생산하는 헤이즐넛 케이크에만 크뢰즈와라는 이름을 붙일 수 있으며 매년 16만 개의 케이크가 팔릴 정도로 리무쟁의 명물이 되었습니다.

가을이 가까워지면
헤이즐넛 호두가 나온다.

껍질을 까지 않은
헤이즐넛

과일과 견과류를 파는
에피스리

Ingrédient

헤이즐넛 케이크 반죽

달걀흰자 120g
소금 1g
레몬즙 5g
설탕 40g
헤이즐넛가루 250g
슈거파우더 60g
박력분 50g
베이킹파우더 5g
녹인 무염버터 110g

≈ Pâte à gâteau aux noisettes

1 볼에 달걀흰자, 소금, 레몬즙, 설탕 절반을 넣고 고속으로 휘핑해줍니다.

2 나머지 설탕을 넣고 단단한 상태의 머랭을 만들어줍니다.

3 다른 볼에 체 친 헤이즐넛가루, 슈거파우더, 박력분, 베이킹파우더를 담아 준비합니다.

4 머랭을 두세 번 나누어 넣어가며 섞어줍니다.

5 녹인 버터를 넣고 섞어줍니다.

기타
무염버터 적당량
강력분 적당량

분량
: 지름 15cm, 높이 6cm
 틀 1개

≈ Finition

6 틀에 버터를 골고루 발라줍니다.

7 강력분을 넣고 틀을 돌려가며 코팅한 후 덜어냅니다.

8 틀에 반죽을 채워줍니다.

9 175℃로 예열된 오븐에서 45분간 구운 후 곧바로 틀에서 꺼내 식혀줍니다.

■ 40 ■ 크레메 당주   *Crémet d'Anjou*

크레메 당주는 앙주Anjou의 중심 도시 앙제Angers의 향토 과자입니다. 1921년 미식 평론가 퀴르농스키가 크레메 당주를 '신들의 잔치un régal des dieux'라고 표현하면서 더욱 유명해졌습니다. 옛날에는 프레시 크림에 머랭을 더해 가볍게 만들었지만 지금은 주로 프로마주 블랑에 머랭을 섞어 만듭니다. 바닥이 뚫린 틀에 면보를 깔고 속에 반죽을 채워 굳히는데, 앙주에서는 주로 하트 모양 틀을 많이 사용했습니다.

퀴르농스키에 따르면 크레메 당주는 레조비에Les Aubiers 출신의 젊은 요리사 마리 르네옴에 의해 알려졌다고 합니다. 1890년 그녀는 레스토랑에 디저트가 동이 나버리자 크림과 머랭을 눈처럼 섞어 포트 와인잔에 담아 모양을 잡은 뒤 잔에서 꺼내 묽은 크림과 바닐라 설탕을 올려 제공했습니다. 이 디저트는 빠르게 앙주에 퍼졌고 마리 르네옴은 남편 앙드레 지로와 함께 앙제에 '지로Girault'라는 '크레므리(유제품 판매점)Crèmerie'를 열었습니다. 그곳에서 달걀, 버터 같은 유제품과 더불어 그녀가 개발한 크레메 당주와 크레프를 만들어 팔기 시작했습니다. 인기가 있었던 크레메 당주는 여러 레스토랑과 시청에도 공급되었고 이윽고 여러 노점상과 시장에서도 크레메 당주를 팔게 되었습니다.

사실 크레메 당주는 '프로마주 드 크렘Fromage de crème'이라는 이름으로 18세기부터 존재했습니다. 1702년 호텔리어 시레가 준비한 식사에서 등장했으며 1704년에는 그의 동료 샤르티에가 준비한 식사에도 프로마주 드 크렘이 등장합니다. 프로마주 드 크렘이 크레메 당주로 이름이 바뀐 때는 시청에 제공되었던 식비 청구서에 크레메 당주라는 이름이 등장하기 시작한 1741~1743년 무렵입니다. 1923년 지로 크레므리가 문을 닫게 되면서 이를 모방하는 가게들이 많이 생겼지만 특산품 이상의 산업으로 발전하지 못하면서 점차 사라졌습니다.

『Le Larousse gastronomique(라루스 요리대사전)』에는 크림 치즈에 머랭과 단단하게 올린 프레시 크림를 섞은 디저트로 소개되어 있습니다. 이제는 프레시 크림 대신 프로마주 블랑을 사용해 훨씬 간편한 레시피로 바뀌어 지금은 오리지널 크레메 당주를 찾아보기 힘듭니다.

앙제는 '쿠앵트로(Cointreau, 오렌지 리큐어)'의 도시이기도 하다.
앙제에 기반을 다지고 있던 쿠앵트로 가문이 1885년부터 팔기 시작했다.

Ingrédient

프로마주 블랑 무스 반죽
달걀흰자 80g
설탕 15g
프로마주 블랑 200g
생크림 200g

≈ Mousse au fromage blanc

1 볼에 달걀흰자를 넣고 휘핑해 가볍게 거품을 올려줍니다.

2 설탕을 넣고 고속으로 휘핑해 거품을 올려 단단한 상태의 머랭을 만들어줍니다.

3 다른 볼에 프로마주 블랑을 넣고 가볍게 풀어줍니다.

4 생크림을 넣고 섞어줍니다.

5 머랭을 넣고 가볍게 섞어줍니다.

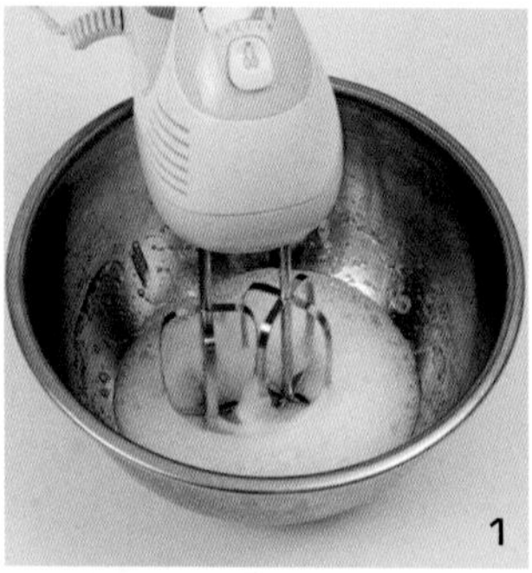
1

2

3

4

5

분량

: 폭 7cm, 높이 6cm
하트 모양 틀 4개

≈ Finition

6   바닥에 구멍이 있는 그릇을 준비합니다.

7   틀 안쪽에 면포를 깔아줍니다.

8   ⑤를 채워줍니다.

9   면포를 덮고 냉장실에서 하루 동안 굳혀줍니다. 이때 그릇의 구멍을 통해 수분이 빠지므로 틀에 받쳐 보관합니다.

10 그릇에서 꺼낸 후 면포를 제거한 후 생크림이나 붉은 과일(쿨리 등)을 얹어 먹습니다.

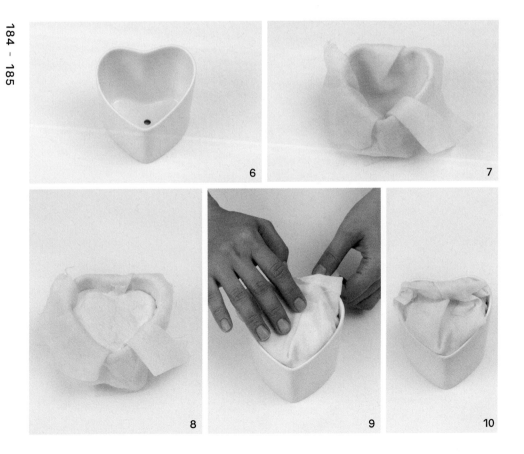

■41■ 쇼송 오 폼므 드 생칼레

Chausson aux pommes de Saint-Calais

쇼송 오 폼므 드 생칼레는 16세기부터 등장했다고 알려져 있지만 정확한 기원은 아직도 모호합니다. 생칼레Saint-Calais에서 이 과자가 중요하게 된 계기는 1580년 전염병이 돌면서였습니다. 전염병으로 인구의 2/3가 사망하자 질병의 확산을 피하기 위해 성주들은 빈민층 사람들이 마을 밖으로 나오지 못하도록 봉쇄했고, 마을 밖으로 나갈 수 없던 사람들은 이 과자를 크게 만들어 먹었습니다. 이를 보면 생칼레는 예로부터 사과가 풍부했던 지역임을 알 수 있습니다. 이후 1630년부터 9월의 첫 번째 일요일이면 전염병이 끝난 것을 기념해 쇼송 오 폼므 드 생칼레를 나누어 먹는 축제를 열었습니다. 참고로 페이드라루아르Pay de la Loire는 프랑스에서 질 좋은 사과가 풍부하게 나기로 유명한 곳입니다.

'쇼송'은 프랑스어로 '슬리퍼'라는 뜻이 있다.

Ingrédient

푀이테 반죽(46p) 500g

박력분 125g

강력분 125g

무염버터A 22g

우유 60g

물 60g

소금 5g

무염버터B 200g

≈ Pâte feuilletée

1 3절 접기 6회를 끝낸 푀이테 반죽을 3mm 두께로 밀어준 후 냉장실에서 2시간 휴지시켜줍니다.

≈ Finition

2 휴지가 끝난 반죽은 지름 11cm의 원형 주름 틀로 잘라줍니다.

3 반죽의 중앙을 밀대로 살짝 밀어 타원형으로 만들어줍니다.

4 팬닝한 후 사과 잼을 올려줍니다.

5 가장자리에 달걀물을 얇게 골고루 발라줍니다.

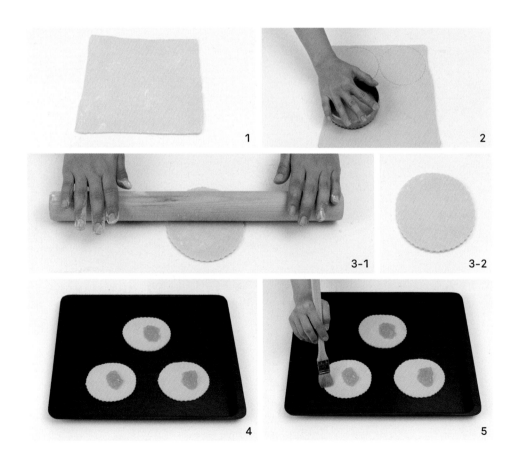

기타

사과 잼 적당량

달걀물 적당량

30보메 시럽 적당량

분량

: 길이 10cm, 높이 5cm

쇼송 오 폼므 드 생칼레 15개

6 반으로 접고 가장자리를 손으로 눌러 고정시킨 후 냉장실에서 1시간 휴지시켜줍니다.

7 휴지가 끝난 반죽은 뒤집어 달걀물을 얇게 골고루 발라줍니다.

8 칼로 나뭇잎 무늬를 내줍니다.

9 칼로 군데군데 구멍을 내줍니다.

10 175℃로 예열된 오븐에서 30분간 구운 후 바로 30보메 시럽(물 100g + 설탕 135g)을 발라 광택을 내 완성합니다.

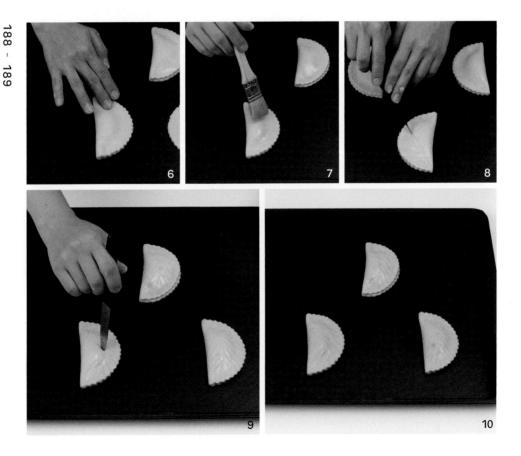

■ 42 ■ 가토 낭테

가토 낭테는 낭트Nante의 럼이 들어간 구움 과자입니다. 버터, 슈거파우더, 달걀, 아몬드가루, 럼 등이 들어가는 파운드케이크와 비슷한 식감의 부드러운 과자로, 윗면은 럼을 넣은 퐁당으로 덮여 있습니다. 18세기 낭트항에는 삼각 무역이 활발했고 카리브해의 사탕수수, 다크럼, 바닐라 등이 식민지로부터 들어왔습니다. 유제품이 발달했던 노르망디Normandie의 설탕과 럼까지 풍부해져 탄생할 수 있었던 과자가 아닐까라는 생각이 듭니다.

칼럼니스트 폴 외들에 따르면 가토 낭테는 1820년 낭트 생클레망 거리Rue Saint-Clément에 있는 제과점에서 만들어졌다고 합니다. 처음에는 상류층 부인들이 손님 접대용으로 내놓던 케이크였으며 본격적으로 상품화된 것은 1910년 낭트 과자 공장이 세워진 뒤였습니다.

대량 생산이 가능해진 가토 낭테는 낭트를 대표하는 과자로서 낭트의 어디서든 쉽게 만날 수 있습니다. 저도 낭트를 방문했을 때 들어가는 제과점마다 가토 낭테를 팔고 있는 모습을 볼 수 있었습니다. 주로 일회용 은박 접시에 구워 포장되어 있으며 투박하게 생겼지만 아주 촉촉하고 달콤한 맛이 한 조각만 먹어도 오래도록 기억에 남는 과자입니다. 한마디로 '럼과 설탕의 매력을 한껏 느낄 수 있는 과자'라고 할 수 있습니다.

쇼윈도 속의
가토 낭테

파리의 콩피즈리에서
구입한 가토 낭테

낭트에서 구입한
가토 낭테

Ingrédient

가토 낭테 반죽

무염버터 125g
슈거파우더 15g
아몬드TPT 200g
박력분 40g
달걀전란 165g

≈ Pâte à gâteau nantais

1 볼에 포마드 상태의 버터를 넣고 가볍게 풀어줍니다.

2 체 친 슈거파우더, 아몬드TPT(아몬드가루와 슈거파우더를 1:1 비율로 섞은 것), 박력분을 넣고 섞어줍니다.

3 달걀전란을 조금씩 넣어가며 섞어줍니다.

기타
녹인 무염버터 적당량
강력분 적당량

글라사주
슈거파우더 120g
화이트럼 30g

분량
: 지름 17cm, 높이 5cm
  망케 틀 1개

≈ Finition

4 망케 틀 안쪽에 녹인 버터를 골고루 바른 후 강력분을 뿌렸다가 털어냅니다.

5 틀에 반죽을 80% 정도 채우고 윗면을 평평하게 정리해줍니다.

6 170℃로 예열된 오븐에서 40분간 구워 케이크 틀에서 꺼내 완전히 식혀줍니다. 슈거파우더와 화이트럼을 섞어 글라사주를 만들어 케이크 윗면을 매끄럽게 코팅해 완성합니다.

파테 오 프륀 앙주방은 앙주Anjou의 시골 마을에서 탄생한 향토 과자로, '앙주방Angevin'은 앙주 사람이나 앙주 문화를 가진 것들을 가리킵니다. 보통 '파테pâté'라고 하면 고기나 내장을 갈아 만든 페이스트를 말하지만 여기서는 제과에서 말하는 '파트pâte', 즉 '반죽'과 같은 뜻으로 쓰입니다. 부활절부터 여름 내내 만들어 먹는 이 과자는 '파테 드 파크Pâte de Pâques'라고도 부릅니다. 부활절 기간이면 제과점이나 빵집에서 큰 슬리퍼 모양으로 구운 이 과자를 만나볼 수 있습니다.

전통적으로 브리제 반죽이나 푀이테 반죽 속에 씨를 제거하지 않은 렌클로드라는 초록색 자두를 넣습니다. 이때 앙주에서 나는 질 좋은 자두를 사용하는 것이 가장 중요합니다. 완성된 파테 오 프륀 앙주방은 뜨겁거나 차갑지 않은 상온의 온도로 제공되는데, 앙주에서 생산하는 코토뒤레이옹 와인과 잘 어울립니다. 옛날에는 주로 결혼식 때 이 과자를 구워 먹었는데, 많은 하객들에게 나누어 주기 위해 길이가 2~3m나 되는 대형 파테 오 프륀 앙주방을 구웠다고 합니다.

이 소박한 과자는 다른 지역으로 퍼져 나가지 않았고 제2차 세계대전 이후로는 앙주에 있는 제과점과 빵집에서 주로 판매하고 있습니다. 앙주와 낭트Nante 사이에 있는 모주Mauges에서는 매년 7월이면 파테 오 프륀 축제가 열립니다.

프랑스의 다양한 자두.
초록색의 렌클로드도 보인다.

Ingrédient

쉬크레 반죽

박력분 250g
무염버터 125g
설탕 50g
소금 1g
물 20g
달걀전란 50g

≈ Pâte sucrée

1   작업대에 체 친 박력분, 차가운 상태의 버터, 설탕, 소금을 준비합니다.

2   스크래퍼를 이용해 가르듯 섞어줍니다.

3   물과 달걀전란을 넣고 섞어줍니다.

4   한 덩어리가 될 때까지 골고루 섞어줍니다.

5   완성된 반죽은 랩핑한 후 냉장실에서 2시간 휴지시켜줍니다.

≈ Finition

6   휴지가 끝난 반죽은 3mm 두께로 밀어줍니다.

7   지름 16cm의 타르트 틀에 넣어줍니다.

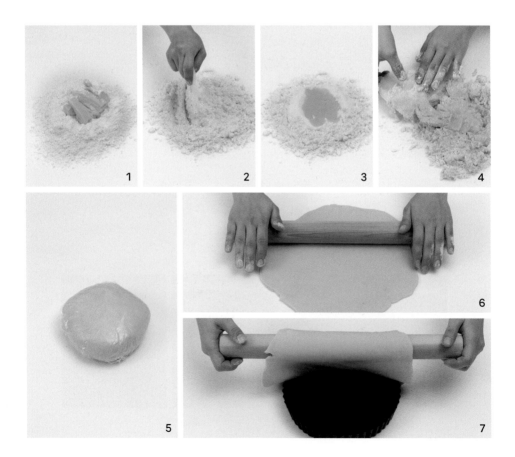

기타

청자두 500g
달걀물 적당량

분량

: 지름 16cm, 높이 5cm
  틀 1개

8   틀에 반죽을 헐겁게 앉힌 후 가장자리 반죽의 두께가 일정하도록 바닥
    과 옆면을 눌러 고정시켜줍니다.

9   밀대로 반죽의 윗면을 정리해줍니다. 남은 반죽도 3mm 두께로 밀어 냉
    장실에 보관해줍니다.

10 씨를 제거한 청자두를 빽빽하게 넣어줍니다.

11 ⑨의 반죽을 윗면에 덮어줍니다.

12 손으로 가장자리부터 눌러가며 정리해줍니다.

13 달걀물을 얇게 골고루 발라줍니다.

14 중앙에 열십자로 칼집을 내어 수증기가 나갈 구멍을 낸 후 175℃로 예열
    된 오븐에서 45분간 구워 완성합니다.

ncy

Strasbourg

Colmar

Belfort

nçon

••*Part 03*••

프랑스 동부

nnecy

mbéry

le

ap

Digne

Nice

.PES -
R

on

Bastia

CORSE

Ajaccio

리옹Lyon은 프랑스에서 두 번째로 큰 도시이자 미식의 도시로 많이 알려져 있지만 오래전에는 실크 생산과 직조 산업이 매우 번성했던 도시였습니다. 리옹에서 가장 많이 볼 수 있는 것이 '폴 보퀴즈Paul bocuse', 빨간 '프랄린 로즈Pralines roses' 그리고 쿠생 드 리옹입니다.

프랑스어로 '쿠션(베개)'을 뜻하는 '쿠생coussin'은 과거 리옹에서 중요한 자리를 차지했던 실크 산업과 관련이 있습니다. 17세기 리옹에 전염병이 돌았을 무렵 전염병이 사라지길 바라며 성모 마리아에게 예배를 드렸는데, 이때 실크 쿠션 위에 금관을 얹어 옮겼다고 합니다. 이 전통을 20세기에 리옹의 쇼콜라티에인 부아쟁이 쿠생 드 리옹이라는 베개 모양의 설탕 과자로 재탄생시켜 오늘날 리옹을 대표하는 과자가 되었습니다. 전염병은 사라지고 과자만 남아 그때를 기억하게 된 것입니다.

리옹에 가면 쿠생 드 리옹을 초록색 쿠션 모양 주머니에 넣어 판매합니다. 여러 향토 과자를 만나 보았지만 쿠생 드 리옹처럼 사물을 그대로 본떠 만든 과자는 처음 보았습니다. 그래서 이야기를 알고 먹어야 더욱 즐길 수 있는 과자라고 생각합니다.

칼리송 등 여러 가지 설탕 과자와 함께
진열되어 있는 쿠생 드 리옹.
주로 콩피즈리에서 만날 수 있다.

리옹에서 만난 쿠생 드 리옹.
베개 모양으로 포장되어 판매한다.

Ingrédient

가나슈

녹인 다크초콜릿 50g
데운 생크림 25g
키리쉬 5g

마지팬 파티스리

물 80g
설탕 250g
물엿 12g
트리몰린 12g
아몬드가루 187g
슈거파우더 32g
무염버터 12g
다크럼 12g
식용색소 적당량

≈ Ganache

1 볼에 중탕으로 녹인 다크초콜릿, 따뜻하게 데운 생크림, 키리쉬를 넣고
   섞어줍니다.

2 지름 5mm의 원형 깍지를 끼운 짤주머니에 담아 일정한 간격을 두고
   7mm의 두께로 테프론시트 위에 일정하게 파이핑해 냉장실에 보관해둡
   니다.

≈ Massepain pâtisserie

3 냄비에 물, 설탕, 물엿, 트리몰린을 넣고 133℃까지 가열해줍니다.

4 볼에 체 친 아몬드가루와 슈거파우더를 넣고 ③을 조금씩 흘려주며 저속
   으로 믹싱해줍니다.

5 버터와 다크럼을 넣고 골고루 섞일 때까지 믹싱해줍니다.

6 완성된 마지팬 파티스리는 초록색과 파란색 식용색소를 섞어 색을 내 완
   성합니다.

시럽
물 250g
설탕 500g
물엿 30g

분량
: 가로세로 2cm
쿠생 드 리옹 30개

≈ Finition

7 마지팬 파티스리를 두께 4mm, 폭 3cm 정도가 되도록 길게 밀어 가나슈가 들어갈 자리를 만들어줍니다.

8 굳힌 가나슈를 올린 후 마지팬 파티스리로 감싸 고정시켜줍니다.

9 손으로 둥글게 밀어 가나슈가 중앙에 위치하도록 합니다.

10 밀대로 조심스럽게 밀어 평평하게 만들어줍니다.

11 남은 마지팬 파티스리에 초록색 색소를 더 섞어 진한 초록색으로 만든 후 손으로 3mm 두께로 둥글게 밀어 ⑩ 위에 고정시켜줍니다.

12 일정한 크기로 끊어내듯 잘라줍니다.

13 물, 설탕, 물엿을 넣고 가열해 22℃까지 식힌 시럽에 12시간 담궈준 후 식힘망 위에서 건조해 완성합니다.

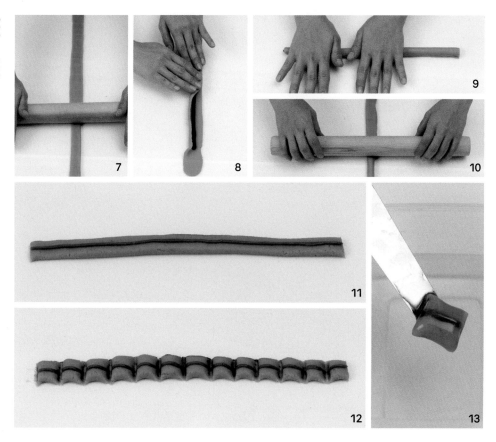

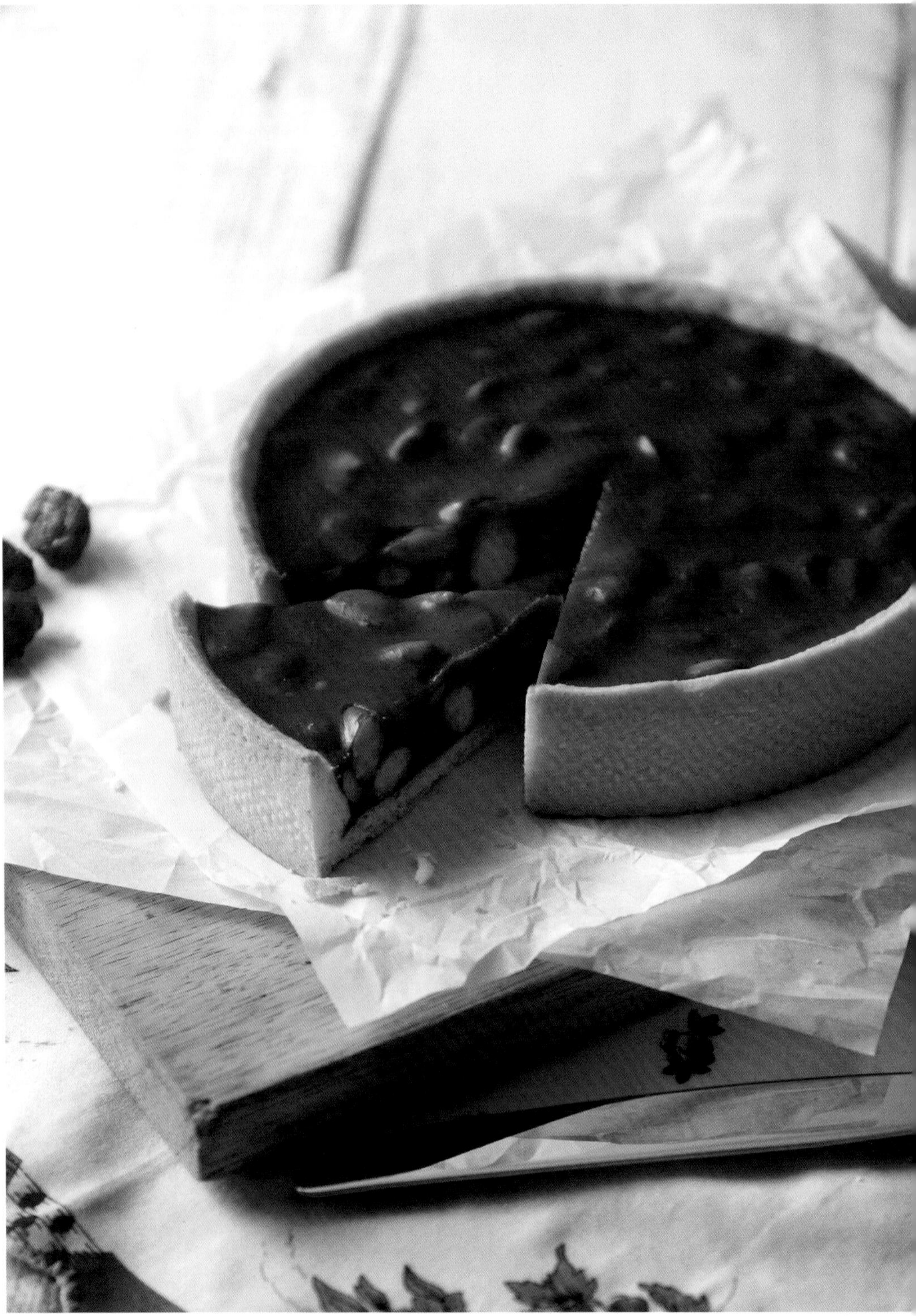

■ 45 ■ 타르트 오 프랄린 로즈 *Tarte aux pralines roses*

리옹Lyon에 도착하면 어디서든 쉽게 발견할 수 있는 것이 바로 강렬한 붉은 색상의 타르트 오 프랄린 로즈입니다. '프랄린Pralines'은 17세기 플레시 프랄랑 백작의 전담 요리사였던 클레망 잘뤼조가 개발한 과자입니다. 원래 프랄린은 설탕 시럽에 아몬드를 굴려 만들지만 19세기 들어 레시피에 붉은 색소가 더해져 '로즈roses'라는 이름이 붙었습니다. 붉은 색소를 넣는 이유에 대해서는 전해진 바가 없지만 샹파뉴Champagne의 '비스퀴 로즈Biscuit roses'처럼 상품성을 더하기 위해 색소를 넣어 눈에 띄게 만들었을 수도 있겠다고 추측합니다.

19세기부터 타르트 오 프랄린 로즈는 빠르게 상품화되어 리옹의 특산품으로 자리 잡았고 '프랄린 로즈Pralines roses'를 이용한 과자도 다양하게 생산되었습니다. 그래서 리옹에 가면 붉은 색상의 비엔누아즈리나 디저트를 쉽게 찾아볼 수 있습니다. 색소만 첨가되어 특별한 풍미가 나지는 않지만 눈앞에 펼쳐진 붉은색의 향연이 왠지 더 맛있을 것 같은 착각을 일으키기도 합니다. 친구가 저에게 타르트 오 프랄린 로즈를 처음 맛보여주었을 때 그렇게 느꼈습니다. 이렇게나 빨간 타르트는 처음이라 뭔가 특별한 재료가 들어갔을 거라 생각했고, 그 호기심에 리옹을 방문했다가 프랄린 로즈를 이용한 수많은 제과를 보고 놀랐던 기억이 있습니다.

리옹에서 쉽게 볼 수 있는 타르트 오 프랄린 로즈

프랄린 로즈만 따로 판매하기도 한다.

Ingrédient

쉬크레 반죽

무염버터 50g

슈거파우더 30g

달걀전란 12g

박력분 75g

아몬드TPT 25g

≈ Pâte sucrée

1 볼에 포마드 상태의 버터와 슈거파우더를 넣고 섞어줍니다.

2 달걀전란을 넣고 섞어줍니다.

3 체 친 박력분과 아몬드TPT(아몬드가루와 슈거파우더를 1:1 비율로 섞은 것)를 넣고 한 덩어리가 될 때까지 섞어줍니다.

4 완성된 반죽은 랩핑한 후 냉장실에서 12시간 휴지시켜 줍니다.

1

2

3-1

3-2

4

5 휴지가 끝난 쉬크레 반죽을 3mm 두께로 밀어줍니다.

6 지름 15cm의 원형 타르트 틀에 반죽을 헐겁게 앉힌 후 가장자리 반죽의 두께가 일정하도록 바닥과 옆면을 눌러 고정시켜줍니다.

7 칼로 반죽의 윗면을 정리해줍니다.

8 170℃로 예열된 오븐에서 25분간 구워줍니다.

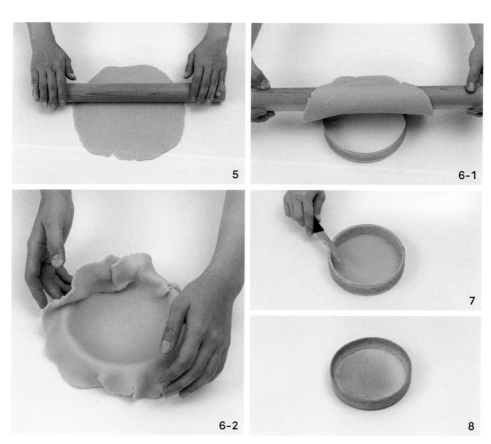

프랄린 로즈

설탕 180g

물 90g

물엿 40g

식용색소 적당량

구운 아몬드 150g

곰 아라빅 파우더 12g

30보메 시럽 16g

≈ **Pralines roses**

9 냄비에 설탕, 물, 물엿, 식용색소를 넣고 120℃까지 가열해줍니다.

10 볼에 구운 아몬드를 넣고 ⑨를 조금씩 나누어 넣어가며 골고루 묻혀줍니다.

11 다른 볼에 곰 아라빅 파우더와 30보메 시럽(물 100g + 설탕 135g)을 넣고 섞어줍니다.

12 ⑩에 넣고 골고루 묻혀 코팅해줍니다.

13 테프론시트에 고르게 팬닝한 후 바람만 나오는 오븐에서 중간중간 아몬드를 굴려가며 말려줍니다.

Ingrédient

프랄린 로즈 충전물

생크림 250g

무염버터 30g

프랄린 로즈 200g

분량

: 지름 15cm, 높이 4cm
　타르트 틀 1개

≈ Appareil à pralines roses

14　냄비에 생크림, 버터, 프랄린 로즈를 넣고 160℃까지 가열합니다.

≈ Finition

15　⑧에 ⑭를 채워 완성합니다.

14-1

14-2

15-1

15-2

■ 46 ■ 뷔뉴 리오네즈 *Bugnes lyonnaises*

도넛의 사촌이라 할 수 있는 뷔뉴 리오네즈는 프랑스 서남부에서 먹는 튀김 과자입니다. 프랑스에서는 이런 튀김 과자를 '베네Beignet'라고 하는데, 각 지역에 따라 모양이나 이름이 조금씩 다릅니다. 리옹-Lyon에서는 베네, '오레이예트Oreillette'라는 튀김 과자를 흔히 볼 수 있습니다.

뷔뉴 리오네즈가 알려지기 시작한 때는 16세기부터입니다. 리옹의 뷔뉴 리오네즈는 납작하고 바삭한 식감으로, 폴란드에서 전해진 것으로 추측됩니다. 이 튀김 과자는 고대 로마시대부터 만들어 먹기 시작했으며 주로 축제 때 즐겨 먹었습니다.

1532년 리옹에서 출판된 『Pantagruel(팡타그뤼엘)』에서는 소시송, 앙두이, 잠봉과 함께 뷔뉴 리오네즈도 리옹의 대표적인 음식이라 소개하고 있습니다. 또 1835년에 출판된 『Supplément au Dictionnaire de l'Académie français(아카데미 프랑세스 사전 부록)』에서는 뷔뉴 리오네즈를 '밀가루, 우유, 달걀로 만든 반죽을 소시지 모양으로 말아서 기름에 튀긴 것'이라고 정의내리고 있습니다.

전통적으로 생테티엔Saint-Étienne에서는 사순절이 시작되기 직전 화요일에 샤퀴트리에서 뷔뉴 리오네즈를 많이 팔았습니다. 사순절 기간 동안에는 육류와 유제품, 지방을 섭취하는 것이 금지되어 있었기 때문에 각 가정에서도 지방을 미리 섭취해두기 위해 많이 만들었습니다.

지금은 제과점이나 빵집에서도 뷔뉴 리오네즈를 팔지만 여전히 사순절이 시작되는 직전의 화요일을 지켜 판매하는 곳이 많습니다. 반죽은 다르지만 모양이 꼭 우리나라의 매작과를 닮아 있습니다.

Ingrédient

뷔뉴 반죽

중력분 150g

베이킹파우더 1g

설탕 5g

소금 2g

달걀전란 70g

무염버터 40g

≈ Pâte à bugnes

1 볼에 체 친 중력분, 베이킹파우더, 설탕, 소금, 달걀전란을 넣고 섞어줍니다.

2 포마드 상태의 버터를 넣고 섞어줍니다.

3 한 덩어리가 될 때까지 섞어줍니다.

4 랩핑한 후 냉장실에서 1시간 휴지시켜줍니다.

기타
식용유 적당량
슈거파우더 적당량

분량
: 사방 5cm
　뷔뉴 리오네즈 15개

≈ Finition

5　휴지가 끝난 반죽을 2mm 두께로 밀어줍니다.

6　각 변의 길이가 5cm인 마름모 모양으로 일정하게 잘라줍니다.

7　마름모 중앙에 2cm 정도의 칼집을 내줍니다.

8　냄비에 식용유를 넣고 가열하다 180℃가 되면 ⑦을 넣고 뒤집어가며
　노릇하게 튀겨준 후 슈거파우더를 뿌려 완성합니다.

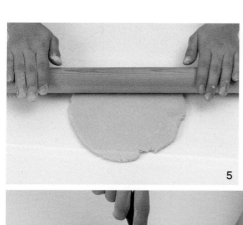
5

6

7

8

'가토 드 사부아Gâteau de Savoie'라고도 불리는 비스퀴 드 사부아는 비스퀴 반죽을 구글로프 틀 또는 무늬가 있는 높은 틀에 굽는 케이크입니다. 14세기 사부아의 아메데 6세 백작이 연회에서 신성 로마 제국의 황제 카를 4세를 맞이하며 준비한 케이크로, 미식가였던 아메데 백작은 연회를 위해 제과사에게 아주 가볍고 특별한 케이크를 주문했습니다. 제과사 피에르 드 옌은 달걀과 설탕을 오랜 시간 거품을 올려 가볍게 한 뒤 온도 조절이 힘들었던 오븐에서 부드럽게 굽기 위해 나무틀에 반죽을 부어 구웠습니다. 이후 이 케이크는 사부아의 특산품이 되었습니다.

　　비스퀴 드 사부아를 굽는 틀은 일반적인 케이크 틀보다 조금 높고 옆면과 윗면에도 무늬가 있습니다. 이런 모양들이 아마도 사부아 공국의 모습을 본뜬 것이 아닌가 추측하게 됩니다.

　　파리에서 만난 사부아 출신의 친구가 구워준 비스퀴 드 사부아는 틀 안쪽에 버터를 바르고 카소나드를 뿌려 겉면에 바삭한 식감을 더했습니다. 투박하지만 밀가루 대신 전분을 넣고 반죽해 가볍고 폭신한 식감이 매력적이었습니다.

파리 '으드일르랑(E.DEHILLERIN)'에 진열된 비스퀴 드 사부아 틀

Ingrédient

비스퀴 반죽

달걀흰자 80g

소금 약간

달걀노른자 50g

설탕 90g

바닐라설탕 10g

레몬제스트 적당량

박력분 45g

옥수수전분 20g

≈ Pâte à biscuits

1 볼에 달걀흰자와 소금을 넣고 휘핑해 단단한 상태의 머랭을 만들어줍니다.

2 다른 볼에 달걀노른자, 설탕, 바닐라설탕, 레몬제스트를 넣고 거품이 뽀얗게 올라올 때까지 휘핑해줍니다.

3 체 친 박력분과 옥수수전분을 넣고 섞어줍니다.

기타

녹인 무염버터 적당량

강력분 적당량

분량

: 지름 15cm, 높이 13cm

 사부아 틀 1개

4 머랭을 두세 번 나누어 넣고 거품이 사그라들지 않도록 주의하며 섞어줍니다.

≈ Finition

5 틀 안쪽에 녹인 버터를 골고루 바른 후 강력분을 뿌렸다가 털어냅니다.

6 반죽을 채운 후 170℃로 예열된 오븐에서 45분간 구워 완성합니다. 구워져 나온 비스퀴 드 사부아는 바로 틀에서 꺼내 식혀줍니다.

4-1

4-2

5-1

5-2

6

■48■ 브리오슈 드 생즈니 *Brioche de Saint-Genix*

'가토 드 생즈니Gâteau de Saint-Genix'라고도 불리는 이 과자는 오트사부아Haute-Savoie의 향토 과자입니다. 브리오슈 위에 '프랄린 로즈Pralines roses'를 얹어 구워내는데, 프랄린 로즈는 리옹Lyon의 향토 과자이지만 인근 지역인 사부아에서도 만날 수 있습니다. 오트사부아에서는 오래된 피나무를 많이 볼 수 있으며 전통적으로 브리오슈 드 생즈니는 코페라는 피나무 틀에 굽습니다.

브리오슈 드 생즈니의 탄생은 230년 시칠리아로 거슬러 올라갑니다. 아름다운 미모를 가진 신실한 기독교인이었던 시칠리아 아가씨 아가트는 집정관 퀸티아누스에게 청혼을 받습니다. 하지만 아가트가 청혼을 거절하자 퀸티아누스는 그녀가 금지된 기독교를 믿는다는 사실을 알고 체포했습니다. 법정에서도 끝까지 신앙을 고집한 그녀는 양쪽 가슴이 잘리는 형벌을 받았고 형벌과 재판을 반복하다 결국 감옥에서 생을 마감합니다. 그 뒤 아가트는 성녀 아가트로 칭송되었고 오늘날 아가트를 묘사할 때 잘린 가슴이 담긴 접시나 쇠 집게를 들고 있는 젊은 여인으로 표현합니다. 1713년 시칠리아가 사부아와 합병되자 사부아공은 2월 5일 성 아가트 축일에 가슴을 본떠 만든 과자를 만들라고 지시했습니다. 그리고 이렇게 탄생한 브리오슈 드 생즈니는 1880년 호텔 요리사 피에르 라뷜리가 프랄린 로즈를 듬뿍 올려 굽는 방법으로 변형시켰고 이후 그의 이름으로 상표도 등록했습니다. 아직도 생즈니Saint-Genix에 가면 '가토 라뷜리Gâteau Labully'라는 이름의 브리오슈 드 생즈니 판매점이 운영되고 있습니다.

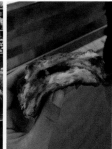

다양한 크기의 브리오슈 드 생즈니

Ingrédient

브리오슈 반죽

강력분 90g

박력분 90g

소금 1g

설탕 10g

드라이이스트 6g

우유 10g

달걀전란 110g

무염버터 90g

≈ Pâte à brioche

1 볼에 체 친 강력분, 박력분, 소금, 설탕, 드라이이스트, 우유, 달걀전란을 넣고 믹싱해줍니다.

2 글루텐이 형성되기 시작하고 잘 늘어나는 상태가 되면 차가운 상태의 버터를 조금씩 넣어가며 믹싱해줍니다.

3 버터가 골고루 섞이면 냉장실에서 하루 동안 1차 발효합니다.

4 1차 발효가 끝난 반죽을 펀치해 가스를 빼줍니다.

5 둥글리기한 후 100g씩 분할해줍니다.

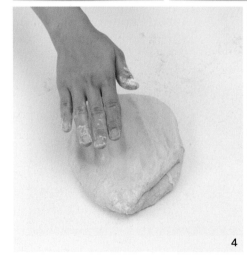

프랄린 로즈(208p) 100g

설탕 180g
물 90g
물엿 40g
식용색소 적당량
구운 아몬드 150g
곰 아라빅 파우더 12g
30보메 시럽 16g

기타

달걀물 적당량

분량

: 지름 13cm, 높이 6cm
  브리오슈 드 생즈니 4개

6   프랄린 로즈를 넣고 둥글리기해줍니다. 이때 장식용 프랄린 로즈는 남겨
    둡니다.

7   팬닝한 후 반죽이 두 배로 부풀 때까지 상온에서 2차 발효합니다.

≈ **Finition**

8   2차 발효가 끝난 반죽에 달걀물을 얇게 골고루 발라줍니다.

9   남겨둔 장식용 프랄린 로즈를 올린 후 175℃로 예열된 오븐에서 25분간
    구워 완성합니다.

■49■ 갈레트 도피누아즈 *Galette Dauphinoise*

론알프Rhône-Alpes의 도피네Dauphiné는 떫은맛이 적고 고소한 맛이 뛰어난 질 좋은 호두 산지로 유명합니다. 특히 그르노블Grenoble의 호두는 견과류 최초로 AOCAppellation d'origine contrôlée에 지정되었습니다.

호두 산지답게 도피네에는 호두를 이용한 요리나 과자가 많습니다. 그중 우리에게 가장 많이 알려진 것이 갈레트 도피누아즈입니다. 갈레트 도피누아즈와 동일한 과자가 '엥가디너 누스토르테 Engadiner nusstorte'라는 이름으로 스위스에도 존재하는데, 스위스와 론알프는 국경을 맞대고 붙어 있기 때문에 스위스의 과자가 프랑스로 전해진 것으로 보입니다. 스위스 엥가딘에서 프랑스 툴루즈 Toulouse로 넘어간 제과사가 엥가디너 누스토르테를 만들었고 이것이 금세 프랑스 전역으로 퍼져 나갔습니다. 이때 도피네에서는 그르노블 호두를 사용해 엥가디너 누스토르테를 만들었고 갈레트 도피누아즈로 이름이 바뀌었습니다. 국경을 접한 지역에서는 서로 비슷한 과자들을 많이 발견할 수 있는데, 론알프는 스위스와 이탈리아를 모두 접하고 있어 다양한 이야기를 가진 향토 과자들이 존재합니다.

3면이 바다로 둘러싸인 우리나라와 달리 프랑스는 아래로 스페인, 위로 벨기에와 독일, 동쪽으로 스위스와 이탈리아를 접하고 있어 프랑스 향토 과자를 공부하다 보면 자연스레 유럽의 과자사도 함께 공부하게 됩니다. 제가 향토 과자 공부를 계속하게 되는 이유이기도 합니다.

Ingrédient

아몬드 과자 반죽 200g

무염버터 100g
슈거파우더 50g
달걀전란 13g
달걀노른자 7g
아몬드TPT 62g

≈ Sucré aux amandes

1 볼에 포마드 상태의 버터를 넣고 가볍게 풀어준 후 체 친 슈거파우더를 넣고 섞어줍니다.

2 달걀전란과 달걀노른자를 넣고 섞어줍니다.

3 체 친 아몬드TPT(아몬드가루와 슈거파우더를 1:1 비율로 섞은 것)를 넣고 섞어줍니다.

4 완성된 반죽은 랩핑한 후 냉장실에서 2시간 휴지시켜줍니다.

5 휴지가 끝난 반죽은 4mm 두께로 밀어줍니다.

6 지름 15cm의 타르트 틀에 반죽을 헐겁게 앉힌 후 가장자리 반죽의 두께가 일정하도록 바닥과 옆면을 눌러 고정시켜 밀대로 윗면을 정리해줍니다. 남은 반죽도 4mm 두께로 밀어 지름 20cm의 원형으로 만든 후 함께 냉장실에서 3시간 휴지시켜줍니다.

호두 충전물

설탕 80g
물엿 27g
우유 20g
생크림 27g
꿀 16g
무염버터 30g
구운 호두 110g

기타

달걀물 적당량

분량

: 지름 15cm, 높이 4cm
틀 1개

≈ Garniture aux noix

7 냄비에 설탕과 물엿을 넣고 캐러멜색이 날 때까지 가열해줍니다.

8 뜨겁게 데운 우유와 생크림을 조금씩 넣어가며 섞어줍니다.

9 꿀과 버터를 넣고 섞어줍니다.

10 구운 호두를 다져 넣고 섞은 후 냄비에서 꺼내 식혀줍니다.

≈ Finition

11 휴지가 끝난 반죽에 ⑩을 채워줍니다.

12 남은 반죽으로 덮은 후 손으로 눌러 정리해줍니다.

13 달걀물을 얇게 골고루 바른 후 포크로 무늬를 내줍니다. 군데군데 수증기가 나갈 구멍을 낸 후 175℃로 예열된 오븐에서 45분간 구워 완성합니다.

■ 50 ■ 크로켓 드 뱅소브르 *Croquette de Vinsobres*

'와그작와그작 씹어 먹다'라는 뜻의 동사 '크로케croquer'에서 비롯된 '크로캉Croqaunt'은 프랑스 여러 지역에서 다양한 모양을 찾아볼 수 있는 아몬드 과자입니다. 도피네Dauphiné에서는 크로켓 드 뱅소브르라 부르는데, 1908년 뱅소브르Vinsobres의 제빵사 앙리 쇼베가 가족 대대로 내려오는 과자를 판매하면서 알려지게 되었습니다. 크로켓 드 뱅소브르는 밀가루, 아몬드, 달걀, 설탕을 넣고 소시지 모양으로 성형한 뒤 달걀물을 바르고 완전히 마를 때까지 오븐에서 구워냅니다. 오븐에서 나온 크로켓 드 뱅소브르는 뜨거울 때 1~2cm 두께로 잘라 식힘망에 올려 식힙니다. 많이 달지 않아 커피나 차 또는 샴페인과 스위트 와인에 곁들여 먹기 좋습니다.

만드는 방법이나 모양이 이탈리아의 '칸투치니(비스코티)Cantuccini'와 비슷하지만 칸투치니는 두 번 굽고, 크로켓 드 뱅소브르는 한 번 구운 후 펼쳐 말린다는 점이 다릅니다. 이처럼 칸투치니와 모양도 공정도 비슷한 크로켓 드 뱅소브르가 도피네에 자리 잡은 이유는 론알프Rhône-Alpes와 이탈리아가 맞닿아 있기 때문일 것입니다. 질 좋은 아몬드 산지인 프랑스 남부에서도 크로켓을 쉽게 만날 수 있습니다.

Ingrédient

크로켓 반죽

박력분 125g

베이킹파우더 2g

설탕 100g

소금 1g

바닐라설탕 5g

달걀전란 55g

달걀노른자 5g

아몬드 125g

≈ Pâte à croquette

1 볼에 체 친 박력분, 베이킹파우더, 설탕, 소금, 바닐라설탕, 달걀전란, 달걀
노른자를 넣고 한 덩어리가 될 때까지 섞어줍니다.

2 아몬드를 넣고 섞어줍니다.

분량

: 길이 7cm
  크로켓 드 뱅소브르 20개

≈ **Finition**

3 길이 20cm, 폭 6cm 정도의 길쭉한 모양으로 만들어줍니다.

4 175℃로 예열된 오븐에서 완전한 갈색이 될 때까지 40분간 구운 후 한 김 식으면 1cm 두께로 잘라 완성합니다.

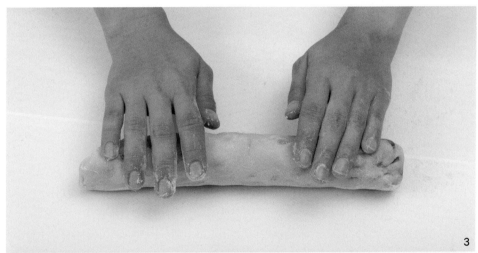

3

4

쉬스는 200년이 넘은 발랑스Valance시의 향토 과자입니다. 조금 우스꽝스러운 모양으로 보일 수 있지만 스위스 위병의 모습을 본떠 만든 과자입니다. 반죽에 오렌지꽃물을 넣어 굽고 오렌지콩피와 건포도 등으로 화려한 의복을 표현합니다.

나폴레옹은 로마 교황 피우스 6세를 포로로 잡아 발랑스로 망명을 보내는데, 이때 스위스 위병들이 교황의 시중을 들게 됩니다. 결국 교황은 발랑스에서 생을 마치고 교황을 기리는 의미로 발랑스의 제과사가 시중을 들던 스위스 위병의 모습을 본떠 과자를 만들었습니다. 끝까지 교황을 근위했던 스위스 위병을 '좋은 사람'이라고 평해 쉬스를 '보놈므Bonhomme'라 부르기도 합니다. 전통적으로 이 과자는 부활절이나 종려 주일에 먹으며 꼭 이 기간이 아니어도 도피네Dauphiné에서 쉽게 만날 수 있는 과자입니다.

한편 '보놈므Bonhomme'라는 이름의 동일한 과자가 또 있는데, 12월 6일 생니콜라를 기념하기 위한 축제 기간에 만들어 먹는 사람 모양의 브리오슈입니다. 프랑스 북부의 쿠뉴Cougnou와도 비슷하며 스위스, 스웨덴, 독일 등지에서도 비슷한 과자를 만들어 먹습니다.

Ingrédient

사블레 반죽

무염버터 150g
슈거파우더 125g
소금 1.5g
달걀전란 65g
오렌지꽃물 적당량
박력분 250g

≈ Pâte sablée

1 볼에 포마드 상태의 버터, 체 친 슈거파우더, 소금을 넣고 섞어줍니다.

2 달걀전란과 오렌지꽃물을 넣고 섞어줍니다.

3 체 친 박력분을 넣고 섞어줍니다.

4 완성된 반죽은 랩핑한 후 냉장실에서 1시간 휴지시켜줍니다.

기타

오렌지콩피 적당량

건과일 적당량

달걀물 적당량

분량

: 길이 20cm 쉬스 2개

≈ Finition

5   휴지가 끝난 반죽은 5mm 두께로 밀어줍니다.

6   팬닝한 후 칼을 이용해 위병 모양으로 만들어줍니다.

7   적당한 크기로 자른 오렌지콩피와 다양한 건과일을 올려 장식해줍니다.

8   달걀물을 얇게 골고루 바른 후 175℃로 예열된 오븐에서 20분간 구워 완성합니다.

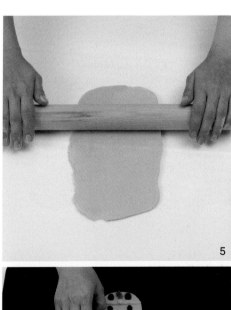

프랑스어로 '뤼네트lunettes'는 '안경'이라는 뜻으로, 론알프Rhône-Alpes의 도피네Dauphiné에서 만들어 먹는 향토 과자입니다. 2개의 구멍이 뚫린 사블레 사이에 잼을 넣고 샌드한 모양이 마치 안경처럼 보여서 붙여진 이름으로 보입니다.

이 과자의 탄생지는 론알프와 접한 이탈리아입니다. 중세시대 이탈리아에서 '밀라네Milanais'라는 이름으로 만들던 것을 프랑스로 넘어오는 이민자들이 도피네에 전파했고 이후 이탈리아 피에몬테에서 생산되는 과일로 잼을 만들어 속을 채워 먹기 시작했습니다. 이탈리아에 가면 여전히 이 과자를 볼 수 있으며 특히 스위스에서는 성탄절에 먹는 전통 과자로 자리 잡았습니다.

뤼네트 드 로망은 도피네의 향토 과자이지만 프랑스 다른 지역의 오래된 제과점에서도 종종 찾아볼 수 있는 대중적인 과자입니다. 저는 스트라스부르Strasbourg로 여행을 갔을 때 시내에 있는 오래된 제과점에서 뤼네트 드 로망을 만났습니다.

제과점에서 판매하는
뤼네트 드 로망

Ingrédient

사블레 반죽

무염버터 80g
슈거파우더 75g
소금 1g
바닐라설탕 5g
달걀전란 10g
달걀노른자 5g
박력분 150g

≈ Pâte sablée

1 볼에 포마드 상태의 버터, 체 친 슈거파우더, 소금, 바닐라설탕을 넣고 섞어줍니다.

2 달걀전란과 달걀노른자를 넣고 섞어줍니다.

3 체 친 박력분을 넣고 섞어줍니다.

4 완성된 반죽은 랩핑한 후 냉장실에서 1시간 휴지시켜줍니다.

≈ Finition

5 휴지가 끝난 반죽은 3mm 두께로 밀어줍니다.

6 뤼네트 틀로 찍어줍니다.

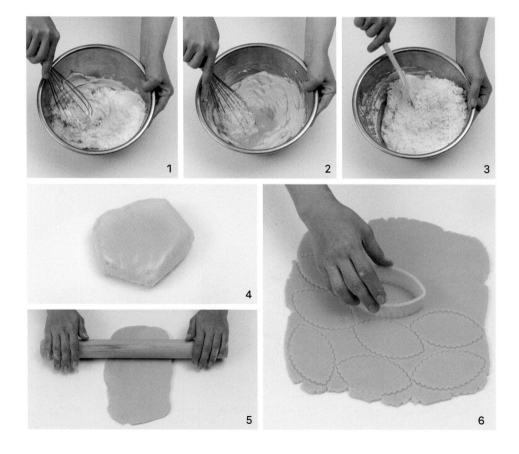

기타
슈거파우더 적당량
레드커런트 잼(30p) 100g

분량
: 길이 8cm
  뤼네트 드 로망 6개

7   1cm 간격을 두고 팬닝해줍니다.

8   지름 1.5cm의 원형 깍지를 이용해 2개씩 구멍을 내고 절반은 구멍을 내지 않고 그대로 둡니다.

9   170℃로 예열된 오븐에서 13분간 구워줍니다.

10   구멍이 있는 반죽에 슈거파우더를 뿌려줍니다.

11   구멍이 없는 반죽에 레드커런트 잼을 올려줍니다.

12   ⑩을 덮어 완성합니다.

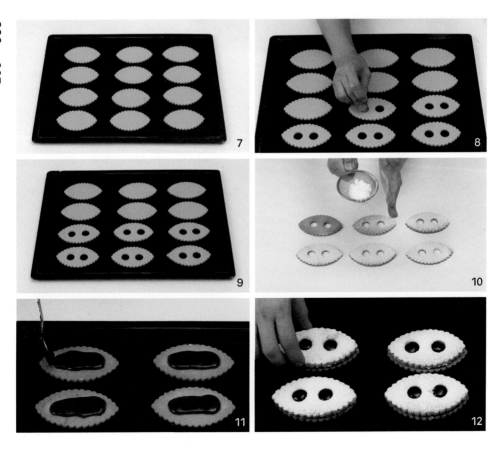

고대에는 과일을 저장하기 위해 꿀을 사용했지만 중세시대에 들어 설탕이 등장하자 과일 저장 기술에도 변화가 생기기 시작했습니다. 건조된 잼이라 불리던 저장용 과일 반죽은 10세기부터 등장했는데, 파트 드 프뤼 도베르뉴는 15세기 중반부터 기록에 남아 있습니다.

오베르뉴Auvergne의 중심 도시 클레르몽페랑Clermont-Ferrand은 오래전부터 프랑스에서 가장 크고 오래된 과일 퓌레 생산지였습니다. 특히 살구가 많이 생산되던 클레르몽페랑에서 겨울 동안 과일을 보관하는 방법 중 하나가 퓌레로 과일 젤리를 만드는 것이었습니다. 과일을 이용한 퓌레 생산은 프랑스 내 소비뿐만 아니라 러시아, 벨기에, 영국, 미국 등으로 수출하면서 클레르몽페랑 지역 경제의 중요한 부분을 차지했습니다. 하지만 1880년부터 현지의 과일 생산이 감소하면서 퓌레에 사용되는 과일의 대부분은 수입을 하고 있습니다.

오베르뉴의 과일 젤리가 특별한 이유는 전통적으로 질 좋은 과일의 67~100% 과육을 사용해 퓌레를 만들기 때문입니다. 과일 함량이 높아 부드러운 식감에 진한 과일 맛을 느낄 수 있다는 점이 프랑스인들에게 사랑받는 이유입니다.

파트 드 프뤼 도베르뉴는 오베르뉴뿐만 아니라 프랑스 어디서든 쉽게 볼 수 있는 과자로, 주로 '쇼콜라트리(초콜릿 상점)Chocolaterie'에서 판매합니다. 과일을 이용해 만들지만 가끔 채소를 이용한 것도 만나볼 수 있습니다. 제가 가장 좋아하는 파트 드 프뤼 도베르뉴는 파리에 있는 '자크 제낭 Jacques Genin'이라는 쇼콜라트리에서 판매하는 것입니다. 부드러운 식감도 훌륭하지만 당근, 토마토, 비트 등으로 만든 재미있는 파트 드 프뤼 도베르뉴를 만나볼 수 있어 좋습니다.

파리 초콜릿 전문점
'자크 제낭'에서 판매하는
파트 드 프뤼 도베르뉴

콩피즈리에 가면
파트 드 프뤼 도베르뉴와
다양한 설탕 과자를 만날 수 있다.

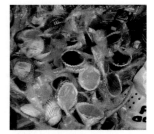

조개껍질 속에 넣고 굳힌
파트 드 프뤼 도베르뉴

Ingrédient

그리오트 모렐로 퓌레 150g

카시스 퓌레 50g

옐로우(젤리용)펙틴 6g

설탕 155g

글루코스 29g

전화당 15g

주석산 5g

물 5g

레몬즙 10g

1 냄비에 그리오트 모렐로 퓌레와 카시스 퓌레를 넣고 저어주며 40℃까지 가열해줍니다.

2 다른 볼에 옐로우펙틴과 설탕 절반을 섞어줍니다.

3 ①에 조금씩 넣어가며 섞어줍니다.

4 ②가 모두 녹을 때까지 계속 저어주며 가열해줍니다.

기타
설탕 적당량

분량
: 가로 4cm, 세로 4cm,
  높이 0.5cm
  파트 드 프뤼 도베르뉴 20개

5 80℃가 되면 나머지 설탕, 글루코스, 전화당을 넣고 섞은 후 106℃까지 가열해줍니다.

6 불에서 내려 후 주석산과 물을 넣고 재빨리 섞은 후 레몬즙을 넣고 섞어줍니다.

7 랩을 씌운 틀에 부어 상온에서 하루 동안 굳혀줍니다.

8 먹기 좋은 크기로 잘라줍니다.

9 설탕에 굴려 완성합니다.

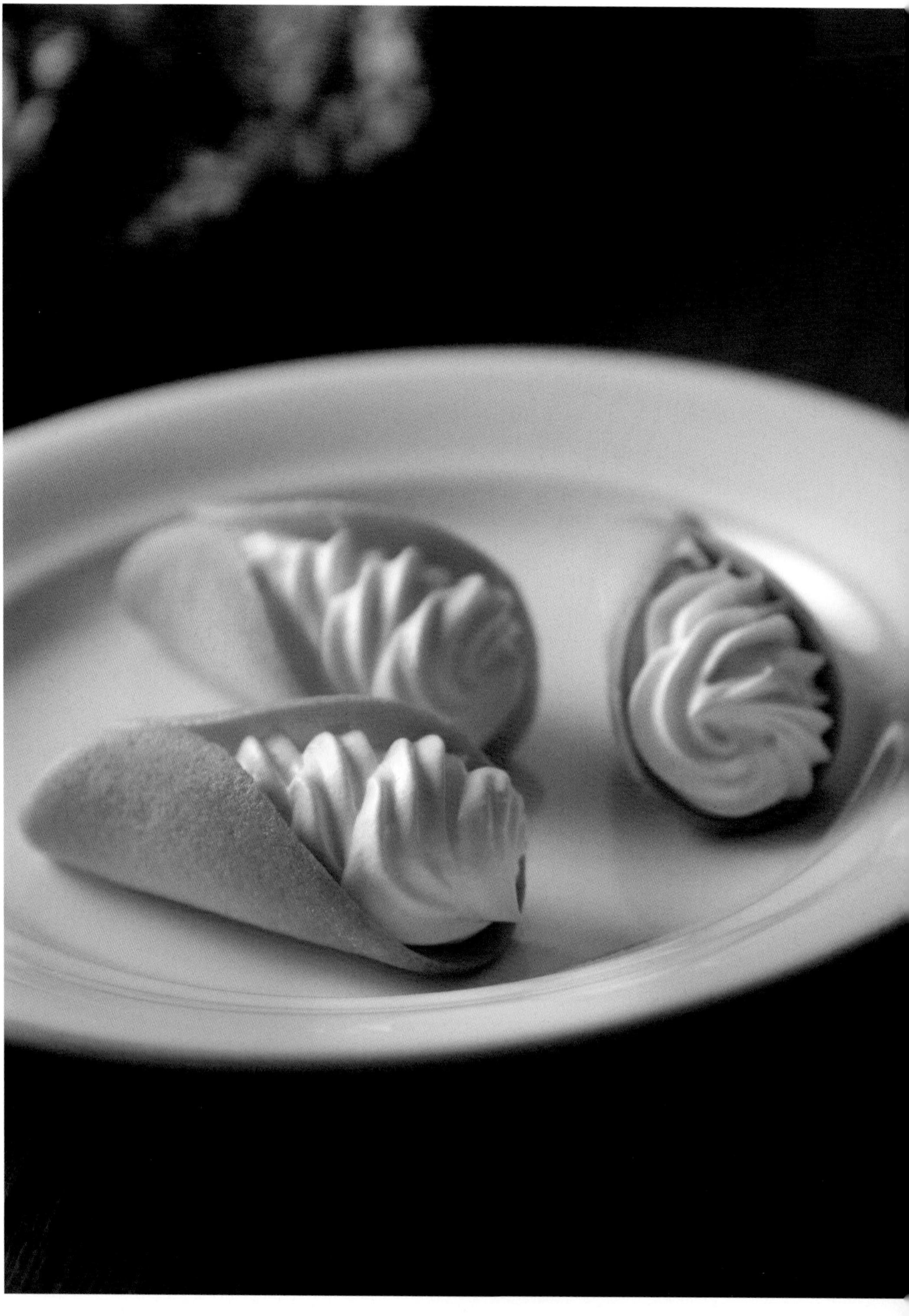

■ 54 ■ 코르네 드 뮈라 _Cornet de Murat_

19세기부터 존재한 것으로 보이는 코르네 드 뮈라는 캉탈Cantal주에 있는 뮈라Murat에서 만들어진 향토 과자입니다. 달걀, 밀가루, 설탕, 오일 등을 넣고 바삭하게 구워 뜨거울 때 동그랗게 말아 크림을 채워넣습니다. 거품을 올린 생크림을 주로 채워넣지만 프로마주 블랑을 채워넣기도 합니다.

뮈라에서는 2008년부터 매년 9월 코르네 드 뮈라 축제가 열립니다. 2만 명 정도가 찾을 정도로 지역 주민뿐만 아니라 관광객에게도 인기가 많은 축제입니다.

코르네 틀

Ingrédient

코르네 반죽
달걀흰자 65g
슈거파우더 50g
박력분 65g
녹인 무염버터 80g
올리브오일 20g

≈ Pâte à cornets

1 볼에 달걀흰자를 넣고 가볍게 풀어줍니다.

2 체 친 슈거파우더를 넣고 고속으로 휘핑해 머랭을 올려줍니다.

3 체 친 박력분을 넣고 섞어줍니다.

4 녹인 버터와 올리브오일 넣고 섞어줍니다.

5 지름 1cm의 원형 깍지를 끼운 짤주머니에 담아 일정한 간격을 두고 지름 5cm의 원형으로 파이핑해줍니다.

6 175℃로 예열된 오븐에서 13분간 구워줍니다.

크림

생크림 25g

바닐라설탕 2g

분량

: 지름 8cm

  코르네 12개

≈ **Crème**

7 볼에 생크림과 바닐라설탕을 넣고 휘핑해 크림을 만들어줍니다.

≈ **Finition**

8 구워져 나온 반죽이 뜨거울 때 코르네 틀에 끼워 모양을 잡아줍니다.

9 크림을 짤주머니에 담아 완전히 식은 반죽에 채워 완성합니다.

타르트 아 라 톰   *Tarte à la tome*

'타르트 드 빅Tarte de Vic'이라고도 불리는 타르트 아 라 톰은 오베르뉴Auvergne 빅쉬르세르Vic-sur-Cère
의 향토 과자입니다. 오래전부터 여름 휴가 동안 빅쉬르세르를 방문하는 관광객이 즐겨 찾던 타르트
로, 신선한 커드(우유에 산을 넣고 응고시킨 것)나 톰이라는 치즈를 넣어 만듭니다. 톰은 주로 프랑스
오베르뉴와 스위스에서 가공되는 치즈인데, 소나 염소젖으로 만듭니다. 지방이 적은 편인 이 치즈는
타르트 아 라 톰 또는 '알리고Aligot'라는 오베르뉴 전통 요리를 만드는 데 사용됩니다. 매년 10월이면
빅쉬르세르에서 타르트 아 라 톰 축제가 열립니다. 축제 때는 마을에서 초대형 타르트 아 라 톰을 만
들어 다 같이 나누어 먹습니다.

　　타르트 아 라 톰은 15세기 이후 1월 22일 로약Raulhac에서 개최되었다가 10년 만에 사라진 생뱅
상 박람회와 관련이 있어 보이지만 정확한 기원을 찾기는 어렵습니다.

　　타르트 아 라 톰은 식사용과 디저트용으로 모두 만들 수 있습니다. 바닥에 브리제 반죽을 깔고 톰
므 아파레유 위에 토마토 같은 것을 올려 구우면 식사로, 사블레나 쉬크레 반죽을 깔고 설탕을 많이
넣어 윗면을 갈색으로 노릇하게 구우면 디저트로 즐길 수 있습니다. 프랑스에서는 주로 일요일이나
휴일에 식후 디저트로 많이 먹습니다.

마트의 치즈 코너에서 판매되는 다양한 치즈.
치즈를 시식해보고 원하는 만큼 무게를 재 사갈 수 있다.

Ingrédient

쉬크레 반죽(206p)

무염버터 50g

슈거파우더 30g

달걀전란 12g

박력분 75g

아몬드TPT 25g

≈ Pâte sucrée

1 쉬크레 반죽을 4mm 두께로 두툼하게 밀어줍니다.

2 지름 20cm 원형 타르트 틀에 반죽을 헐겁게 앉혀준 후 가장자리 반죽의 두께가 일정하도록 바닥과 옆면을 눌러 고정시켜줍니다.

3 가장자리 여분의 반죽을 정리해줍니다.

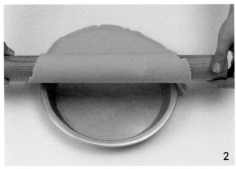

톰므치즈 충전물

톰므치즈 400g
슈거파우더 130g
바닐라설탕 1g
달걀 2개
생크림 15g
박력분 25g

분량

: 지름 20cm, 높이 4cm
  틀 1개

≈ Appareil à tome

4 볼에 톰므치즈, 체 친 슈거파우더, 바닐라설탕을 넣고 섞어줍니다.

5 달걀과 생크림을 넣고 섞어줍니다.

6 체 친 박력분을 넣고 섞어줍니다.

≈ Finition

7 짤주머니에 담아 ③에 채운 후 윗면을 평평하게 정리해줍니다.

8 180℃로 예열된 오븐에서 갈색빛이 돌 때까지 30분간 구워 완성한 후 완전히 식으면 틀에서 꺼내줍니다.

양배 씨의 한마디

한국에서는 톰므치즈를 구하기 힘드니 페이장 브르통(Paysan Breton) 사의 라 브리크(La Brique) 또는 라 갈레트(La Galette)치즈를 사용해보세요.

4

5

6

7

8

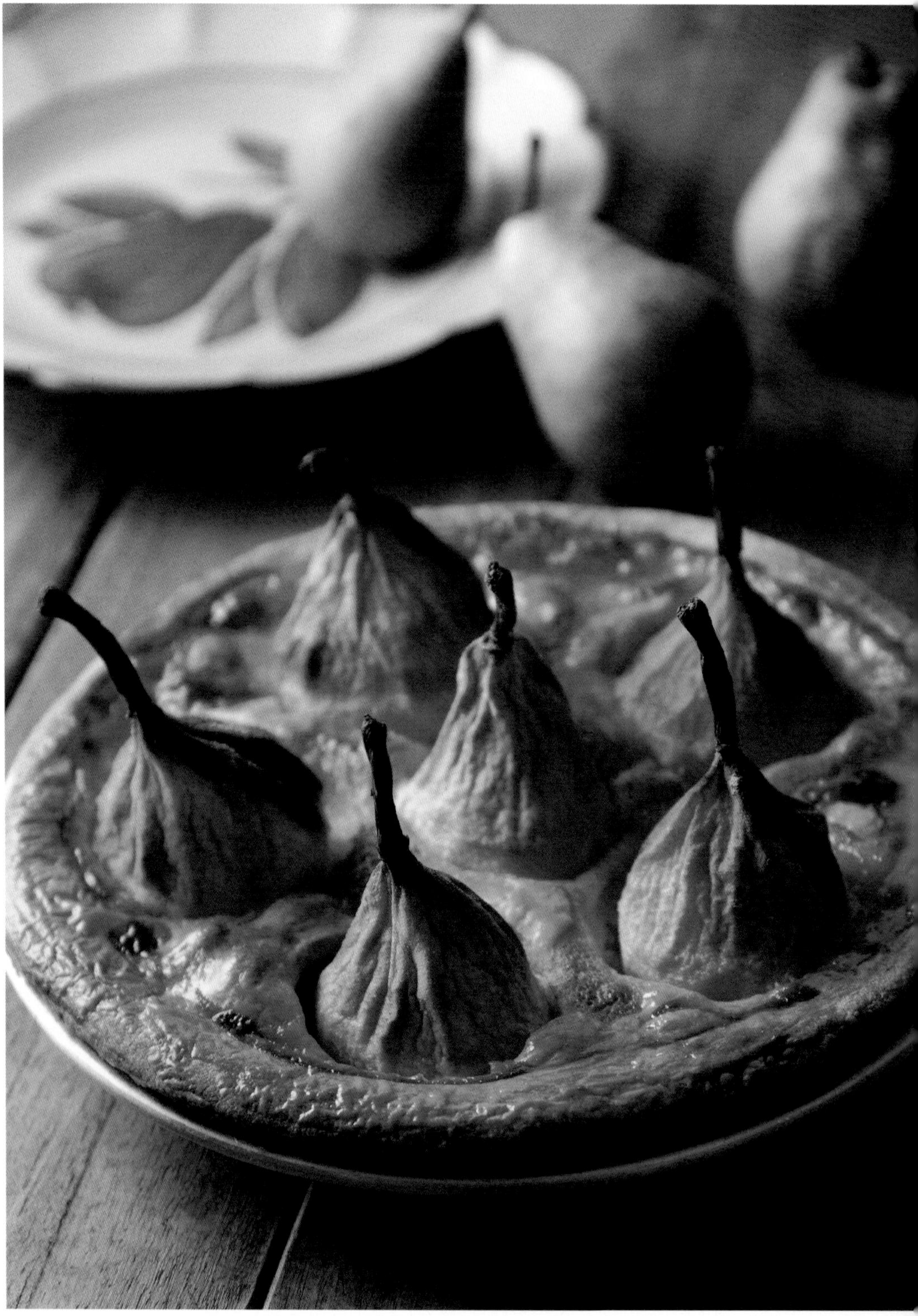

향토 과자에 이름이 붙여질 때는 주로 지명이나 재료, 종교적인 이유에서 유래되는데, 피컹샤뉴는 특이하게도 동네 아이들이 하던 놀이에서 비롯되었습니다. 과거 부르보네Bourbonnais에서는 아이들이 손바닥 위에 떡갈나무 세우기 놀이를 했는데, 이 이름이 피컹샤뉴였습니다. 반죽 위에 과일(서양배)을 나란히 세워둔 모습과 비슷하다 하여 붙여진 이름입니다.

이름도 특이한 피컹샤뉴는 원래 발효 반죽을 이용한 '갈레트Galette' 같은 과자였습니다. 지금도 브리제나 푀이테 반죽뿐만 아니라 브리오슈 반죽을 이용한 피컹샤뉴가 만들어집니다.

서양배에 흑후추로 향을 더해 굽지만 지금은 후추를 넣지 않고 굽는 곳도 많습니다. 저는 이 과자를 통해 처음으로 단맛이 나는 과자(디저트)에 후추를 활용해보았습니다. 후추가 서양배, 바닐라와 만나니 매운맛보다는 향긋한 허브처럼 느껴졌습니다. 현재 프랑스에서 피컹샤뉴를 파는 곳은 찾아보기 힘들며 집에서 만들어 먹는 향토 과자로 자리 잡았습니다.

오늘날 피컹샤뉴는 주로 이스트를 넣은 밀가루 반죽에 서양배 또는 모과를 꽂아넣어 간단하게 구워냅니다. 본 책에서는 옛날 방식으로 브리제 반죽 속에 서양배와 후추를 넣어 굽는 피컹샤뉴를 소개하겠습니다. 원래는 서양배 반죽에 후추가 함께 들어가지만 저는 후추를 브리제 반죽 속에 넣어 갈아놓은 후추까지 함께 먹을 수 있도록 만들었습니다.

다양한 종류의
서양배

색상, 식감, 향이 모두 다른 서양배,
피컹샤뉴에는 '콩페랑스 서양배(poire Conférence)'를
사용하는 게 좋다.

Ingrédient

브리제 반죽(31p) 440g
박력분 250g
무염버터 125g
달걀노른자 20g
소금 5g
물 40g

서양배 충전물
서양배 3개
설탕 50g
다크럼 5g
바닐라빈 1/4개
생크림 100g
간 흑후추 2g

≈ Pâte brisée

1   휴지가 끝난 차가운 상태의 브리제 반죽을 두 덩어리로 나눈 후 지름 30cm, 두께 3mm의 원형으로 각각 밀어줍니다.

2   타르트 틀에 1장의 반죽을 헐겁게 앉혀줍니다.

3   가장자리 반죽의 두께가 일정하도록 바닥과 옆면을 눌러 고정시켜준 후 밀대로 가장자리 여분의 반죽을 정리해줍니다.

≈ Appareil à poire

4   볼에 깍뚝썰기한 서양배, 설탕, 다크럼, 바닐라빈, 생크림, 간 흑후추를 넣고 섞어줍니다.

≈ Finition

5   ③에 채워줍니다.

기타
달걀물 적당량
서양배 6개

분량
: 지름 20cm 타르트 틀 1개

6 지름 4cm 원형 틀을 이용해 남은 1장의 반죽 중앙에 구멍을 내줍니다.

7 ⑤의 가장자리에 달걀물을 얇게 골고루 발라줍니다.

8 ⑥을 조심스럽게 옮겨 덮어줍니다.

9 껍질을 깎은 서양배를 구멍 속에 하나씩 넣어줍니다.

10 반죽에 달걀물을 얇게 골고루 바른 후 175℃로 예열된 오븐에서 45분간 구워 완성합니다.

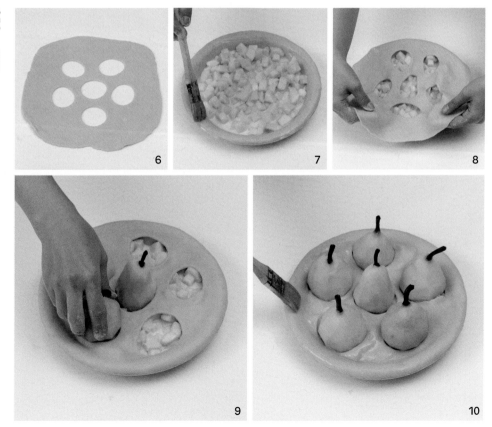

이름이 재미있어 한 번 들으면 잊어버리기 힘든 페드논입니다. 말 그대로 '수녀의 방귀'라는 뜻이며 프랑슈콩테Franche-Comté의 향토 과자입니다. 이런 이름이 붙여진 데는 여러 이야기가 있는데, 어느 날 수녀가 실수로 방귀를 뀌자 스스로 놀란 나머지 들고 있던 슈 반죽을 기름에 빠뜨려 탄생한 과자라는 이야기가 있습니다. 이 이름을 민망하게 느낀 사람들은 '수녀의 한숨'이라는 뜻의 '수피르 드 논 Soupir de nonne'이라 부르기도 합니다. 또 다른 이야기는 르네상스시대 카톨릭의 권위가 떨어지자 수도원과 수녀원을 경계하는 분위기에서 수녀들이 마을에 숨어 지내는 일이 많았는데, 이때 이들을 도와준 마을 사람들에게 고마운 마음을 담아 페드논과 그 레시피를 선물했다고 합니다.

페드논 같은 도넛 형태의 반죽을 '베네Beignet'라고 하는데, 그 기원은 중세시대로 거슬러 올라가 로마에서부터 만들어 먹기 시작했다고 전해집니다. 예로부터 반죽을 익히는 방법에는 불에 직화로 굽거나 달군 돌판에 올려 구웠는데, 슈 반죽처럼 묽은 반죽은 달군 기름에 빠뜨려 구워야 더 효과적으로 익힐 수 있었습니다.

일반적으로 다른 베네처럼 페드논도 축제 때 만들어 먹는 과자입니다. 지역에 따라 속을 채우는 충전물이 다르며 페드논에는 주로 사과콩포트를 채워넣고 겉면에 슈거파우더를 뿌려 마무리합니다.

Ingrédient

슈 반죽

우유 250g
소금 약간
설탕 60g
무염버터 50g
박력분 150g
달걀전란 160g
오렌지꽃물 5g

≈ Pâte à choux

1 냄비에 우유, 소금, 설탕, 버터를 넣고 가열해줍니다.

2 우유가 끓으면 약불로 줄인 후 체 친 박력분을 넣고 섞어줍니다.

3 날가루가 보이지 않을 때까지 가볍게 볶아줍니다.

4 볼에 옮겨 한김 식혀줍니다.

5 달걀전란을 조금씩 넣어가며 섞어줍니다.

6 오렌지꽃물을 넣고 섞어줍니다.

기타

식용유 적당량

슈거파우더 적당량

분량

: 지름 5cm 페드논 15개

≈ Finition

7 냄비에 식용유를 넣고 가열하다 180℃가 되면 숟가락을 이용해
   한 덩어리씩 먹기 좋은 크기로 떼어 넣어줍니다.

8 뒤집어가며 노릇한 색이 될 때까지 튀겨줍니다.

9 식힌 후 슈거파우더를 뿌려 완성합니다.

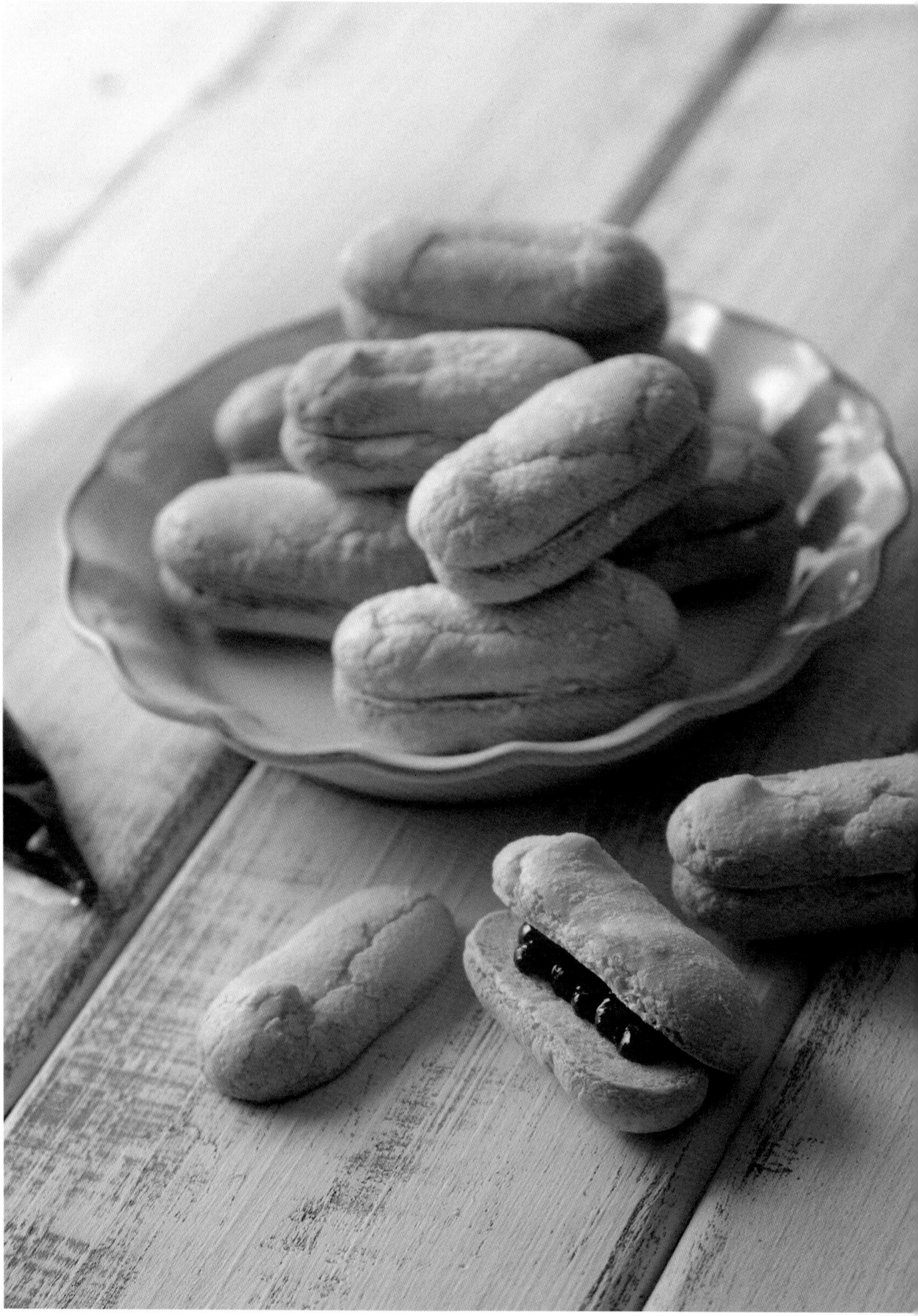

몽보종Montbozon은 프랑슈콩테Franche-Comté의 작은 마을입니다. 이 마을에서 탄생한 작은 과자가 바로 설탕과 달걀, 밀가루, 오렌지꽃물로 아주 가볍게 만든 비스퀴 드 몽보종입니다. 만드는 방법은 '비스퀴 아 라 퀴이예르Biscuit à la cuillère'와 거의 동일합니다. 달걀흰자와 달걀노른자를 각각 휘핑한 뒤 각각에 밀가루를 섞어 길쭉한 모양으로 구워냅니다.

1540년 앙리 2세와 결혼한 카트린 드 메디치가 이탈리아 피렌체에서 과자 장인들을 함께 데리고 오면서 비스퀴 아 라 퀴이예르도 함께 프랑스 왕실에 전파되었습니다. 그 시대에는 짤주머니가 없어 짜는 방법 대신 스푼으로 반죽을 떠 구웠습니다. 비스퀴 아 라 퀴이예르와 비슷한 비스퀴 드 몽보종은 여기에서 더 나아가 과일 잼을 짜 넣고 과자를 2개씩 붙여줍니다.

이 과자는 루이 16세의 전속 요리사에 의해 몽보종으로 전해졌습니다. 프랑스 혁명으로 왕좌가 흔들리자 요리사는 빠르게 몽보종으로 피신해 랑테르니 가문에서 운영하던 호텔인 오뗄 드 라 쿠아도르에 은신했습니다. 그리고 죽기 전 호텔 옆의 작은 제과점에 비스퀴 드 몽보종의 레시피를 전수했고, 레시피는 1856년 특허를 받기 전까지 베일에 쌓여 있다가 이후 몽보종의 특산품으로 자리 잡았습니다. 지금은 랑테르니 가족이 운영하는 비스킷 공장에서 생산되고 있으며 루이 16세가 좋아했던 과자였기 때문에 '왕의 과자le dessert des rois'라 불리기도 합니다.

Ingrédient

비스퀴 반죽

달걀노른자 60g
설탕A 45g
바닐라설탕 10g
달걀흰자 120g
설탕B 45g
박력분 60g

≈ Pâte à biscuits

1 볼에 달걀노른자, 설탕A, 바닐라설탕을 넣고 휘핑해줍니다.

2 머랭이 뽀얗게 올라올 때까지 휘핑해줍니다.

3 다른 볼에 달걀흰자와 설탕B를 넣고 휘핑해줍니다.

4 단단한 상태의 머랭이 될 때까지 휘핑해줍니다.

5 ②에 두세 번 나누어 넣어가며 섞어줍니다.

6 체 친 박력분을 넣고 섞어줍니다.

기타

슈거파우더 적당량

과일 잼 적당량

분량

: 길이 6cm

  비스퀴 드 몽보종 20개

≈ Finition

7   지름 1cm의 원형 깍지를 끼운 짤주머니에 담아 2cm의 간격을 두고 6cm 길이로 파이핑해줍니다.

8   슈거파우더를 골고루 뿌려줍니다.

9   175℃로 예열된 오븐에서 12분간 구운 후 식으면 과일 잼을 샌드해 완성합니다.

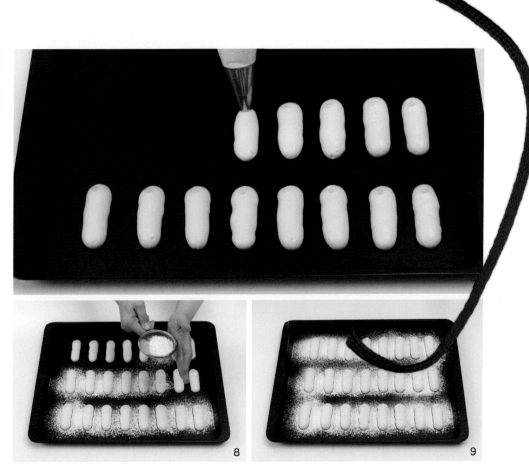

팡 데피스 드 디종 *Pain d'épices de Dijon*

팡 데피스 드 디종의 기원은 팡 데피스 알자시앙과 동일합니다. '팡 데피스Pain d'épices'는 기원전 10세기 중국에서 밀가루와 꿀을 넣어 빚은 반죽이 칭기즈칸을 따라 전 세계로 퍼져 나간 과자로, 프랑스로 넘어온 시기는 11세기로 추정되며 실제로 기록에 남은 것은 13세기부터입니다. 그리고 부르고뉴Bourgogne에 이 과자가 등장한 것은 14세기 브르고뉴 공작 필립 르 하디의 아내 마르그리트가 밀가루와 꿀을 섞은 '부아셰Boichet'를 만들면서부터입니다. 그러다가 점차 변형되어 곡물가루를 넣어 굽는 '팡 드 골드리Pain de gaulderie'가 15세기 말에 등장하고 부아셰도 18세기까지 쭉 소비되었습니다.

팡 데피스 드 디종의 첫 등장은 1595년 앙리 4세가 내린 『Ordonnance d'Henri IV en 1595 concernant le statut des pâtissiers de la ville(도시 제과사들을 위한 지시서)』에서입니다. 그 뒤 관련 기록을 찾을 수 없다가 1711년 바르나베 보티에가 팡 데피스 전문 판매점을 창업하면서부터 본격적으로 디종Dijon의 특산품으로 알려지기 시작했습니다. 팡 데피스로 유명한 지역은 사실 랭스Reims였지만 제1차 세계대전으로 랭스의 경제가 파괴되자 디종이 팡 데피스의 도시로 떠올랐습니다. 디종의 팡 데피스는 랭스의 것과 다르게 케이크 형태로 구워냅니다.

프랑스에서 팡 데피스라 이름 붙이려면 적어도 50% 이상의 꿀을 함유해야 합니다. 꿀은 주로 깨끗한 아카시아 꿀을 사용합니다. 반죽의 특성상 여전히 마른 식감을 가지고 있어서 버터를 발라 먹거나 음료와 함께 먹고 푸아그라 같은 요리에 곁들여 먹기도 합니다.

팡 데피스 드 디종을 판매하는
크리스마스 마켓

다양한 팡 데피스 드 디종

Ingrédient

팡 데피스 반죽

꿀 125g

우유 130g

카소나드 125g

무염버터 50g

정향 5g

박력분 250g

베이킹소다 3g

베이킹파우더 2g

달걀전란 55g

≈ Pâte à pain d'épices

1 냄비에 꿀, 우유, 카소나드, 버터, 정향을 넣고 40℃까지 가열해줍니다.

2 볼에 체 친 박력분, 베이킹소다, 베이킹파우더를 넣고 ①을 부어주며 섞어줍니다.

3 달걀전란을 조금씩 넣어가며 섞어줍니다.

분량

: 길이 25 cm, 높이 7cm
파운드케이크 틀 1개

≈ Finition

4 파운드케이크 틀 모양에 맞춰 종이호일을 접어 틀 속에 깔아줍니다. 틈이
생기면 반죽이 새어나올 수 있으니 주의합니다.

5 틀에 반죽을 80% 정도 채운 후 160℃로 예열된 오븐에서 40분간 구워
완성합니다.

4

5

슈 반죽에 치즈를 섞어 굽는 구제르는 부르고뉴Bourgogne뿐 아니라 프랑스 전역에서 쉽게 찾아볼 수 있는 과자입니다. 고소한 맛과 짠맛이 와인과도 잘 어울려 따뜻하게 데운 구제르와 와인을 함께 먹기도 합니다.

구제르의 기원을 정확하게 설명하기는 어렵지만 14세기 말 '구이예르Goiere'라는 부르고뉴의 치즈 타르트가 등장합니다. 아마 거기서 변형된 것이 구제르가 아닐까 추측해봅니다. 이때 사용되는 치즈는 향이 강한 그뤼에르나 콩테 같은 치즈입니다. 크게 만들어 찢어 먹기도 하고 작은 양배추 크기로 구워 먹기도 했습니다. 참고로 '파트 아 슈(슈 반죽)pâte à choux'는 '양배추'를 뜻하는 '슈choux'에서 따온 이름으로, 과거 유럽에서는 양배추에서 사람이 태어난다고 믿었습니다. 파트 아 슈는 16세기 앙리 2세와 결혼한 카트린 드 메디치가 데려온 요리사에 의해 프랑스에 전해졌다고 합니다. 당시에는 반죽을 스푼으로 떠 팬에 올려놓고 오븐에서 구웠기 때문에 '뜨거운 반죽'이라는 뜻의 '파트 아 쇼pâte à chaud'라 부르기도 했습니다. 16세기부터는 파트 아 슈에 치즈가 섞인 것이 흔해졌고 디저트보다는 요리에 가까운 느낌이었지만 19세기에 들어 속에 크림을 채워 먹으면서 디저트로서 자리 잡기 시작했습니다.

제가 구제르를 만난 것은 부르고뉴가 아닌 파리에 있는 빵집이었습니다. 크루아상을 사러 갔다 처음 보는 과자가 있어 구매했는데, 그게 바로 주먹만한 크기의 구제르였습니다. 노릇하게 구워져 치즈와 버터의 풍미가 뛰어난 구제르를 맛보고 요리에 곁들여 먹으면 더 좋겠다고 생각했습니다.

파리에서 구입한 구제르.
크고 투박하게 생겼다.

Ingrédient

슈 반죽

우유 250g

무염버터 80g

소금 약간

박력분 150g

달걀전란 250g

그뤼에르치즈 125g

≈ Pâte à choux

1 냄비에 우유, 버터, 소금을 넣고 중불로 가열해줍니다.

2 끓기 시작하면 약불로 줄이고 체 친 박력분을 넣고 섞어줍니다.

3 살짝 볶은 뒤 불에서 내려줍니다.

4 볼에 옮긴 후 달걀전란을 다섯 번에 나누어 넣고 섞어줍니다.

기타

달걀물 적당량

분량

: 지름 7cm
구제르 15개

5 그뤼에르치즈를 갈아 넣고 섞어줍니다.

≈ Finition

6 지름 2.5cm의 원형 깍지를 끼운 짤주머니에 담아 일정한 간격을 두고 지름 5cm의 원형으로 파이핑해줍니다.

7 달걀물을 얇게 골고루 발라줍니다.

8 175℃로 예열된 오븐에서 노릇해질 때까지 35분간 구워 완성합니다.

5-1

5-2

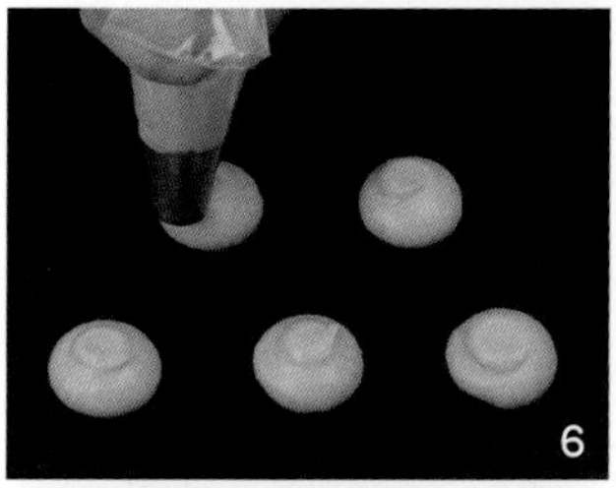
6

7

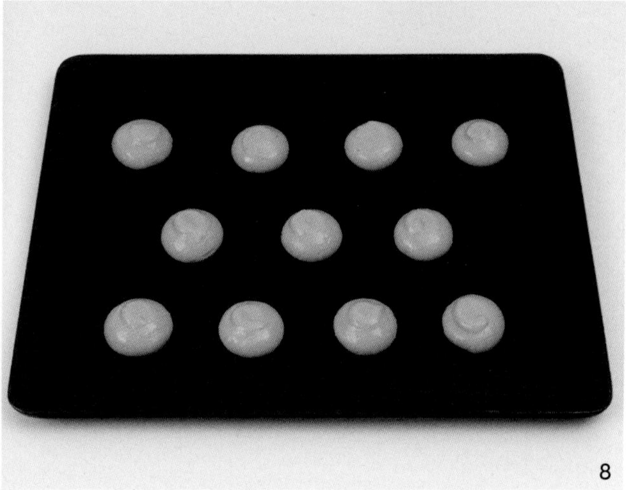
8

Strasbourg

Colmar

Belfort

nçon

nnecy

béry

e

ap

Digne

Nice

PES -
R

on

Bastia

CORSE

Ajaccio

•• *Part 04* ••

프랑스 남부

파스티스 가스콩 *Pastis gascon*

파스티스 가스콩은 프랑스 서남부 지역에서 얇은 밀가루 반죽과 사과로 만드는 과자로, '파트 필로 Pâte phyllo'라는 밀가루 반죽을 아주 얇게 늘려 타르트 바닥과 윗면에 깔아 만듭니다. 사과를 졸일 때 카스코뉴Gascogne의 아르마냑Armagnac에서 생산되는 브랜디(아르마냑)를 사용한다는 것도 특징입니다.

파스티스 반죽은 터키의 '바클라바Baklava'를 떠올리게 합니다. 그도 그럴 것이 파트 필로는 10세기 이전 아랍인들이 프랑스를 침략하면서 전해진 반죽입니다. 아주 얇게 늘인 반죽이 베일과 닮아 '신부의 베일voile de la mariée'이라 부르기도 합니다.

파스티스 가스콩, '투티예르Toutière', '크루스타드 오 폼므Croustade aux pommes' 모두 같은 과자이지만 지역에 따라 서로 다르게 불렀습니다. 특히 18세기 후반부터는 반죽 사이에 층층이 버터를 바른 푀이타주 형태의 반죽을 '크루스타드Croustade'라 불렀는데, 과거에는 크루스타드에 버터 대신 거위 지방을 발라 구웠다고 합니다.

프랑스 남부 미디피레네Midi-Pyrénées에서는 사과나 자두를 넣어 단맛이 나는 타르트로 만들지만 프랑스 다른 지역에서는 고기를 넣어 식사 대용으로 만들어 먹기도 합니다. 매년 여름 펜다즈네Penne-d'Agenais와 투르농다즈네Tournon-d'Agenais에서 파스티스 가스콩 축제가 열립니다.

프랑스에서는 철마다 모양과 색이 다른 다양한 사과를 만날 수 있다.
구워서 만드는 사과 디저트에는 그래니 스미스 품종을 주로 사용한다.

Ingrédient

필로 반죽(134p) 300g

강력분 90g

박력분 160g

달걀전란 50g

물 130g

소금 1g

올리브유 22g

무염버터 50g

녹인 무염버터 적당량

≈ Pâte phyllo

1 상온에서 30분간 휴지시킨 필로 반죽을 준비합니다.

≈ Finition

2 작업대에 면포를 깔고 반죽을 올려 밀어줍니다.

3 손등 위에 반죽을 올리고 살살 늘려줍니다. 손을 옆으로 이동하며 반죽을 전체적으로 늘려줍니다.

4 반죽이 찢어지지 않도록 주의하면서 녹인 버터를 얇게 발라줍니다.

5 틀보다 1/3 정도 여유 있는 크기로 5장 잘라줍니다.

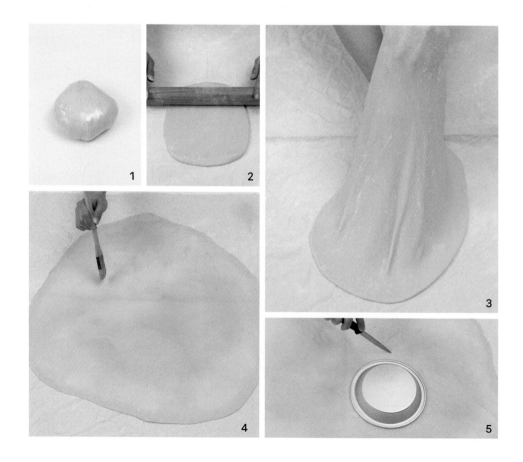

기타

녹인 무염버터 적당량

사과 4개

설탕 60g

아르마냑 30g

분량

: 지름 23cm

 파스티스 가스콩 1개

6   틀 안쪽에 녹인 버터를 얇게 바른 후 자른 반죽을 1장 올려줍니다.

7   총 5장의 반죽을 볼륨 있게 올려줍니다.

8   볼에 적당한 크기로 썬 사과, 설탕, 아르마냑을 넣고 버무려줍니다.

9   ⑦에 넣어줍니다.

10   남은 반죽을 자연스럽게 구겨 볼륨 있게 올려줍니다.

11   175℃로 예열된 오븐에서 40분간 구워 완성합니다.

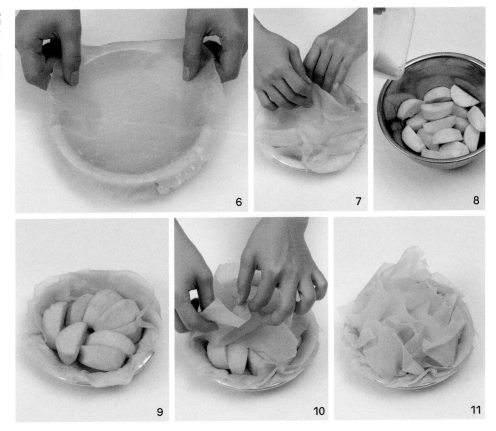

짐브레트 달비는 알비Albi의 링 모양의 발효 과자입니다. 사순절과 부활절 사이에 먹는데, 종려 주일 월계수 가지나 로즈메리 줄기에 이 과자를 매달아 축복의 메시지를 전달했습니다. 이름 역시 월계수 가지나 로즈메리 줄기를 뜻하는 '지멜gimel'에서 왔습니다.

13세기 알비는 종교 전쟁의 핵심지였습니다. 당시 알비 안에 있는 카톨릭 교회들은 핍박받던 유대인들을 숨겨주었고 그때 그들이 남긴 흔적은 알비의 문화에도 남아 있습니다.

짐브레트 달비는 원래 일드프랑스Île-de-France의 낭테르Nanterre에 거주하던 수도사가 개발했습니다. 그리고 이 과자가 알비의 성당으로 전달되었고 장인 장 바르텔레미 포르트가 1740년부터 짐브레트 달비를 만들어 팔면서 본격적으로 알비의 명물이 되었습니다. 19세기 말까지만 해도 연간 30만 개의 짐브레트 달비가 판매되었지만 점점 생산량이 줄어 부활절 전 이 과자를 먹는 전통도 점차 사라졌습니다.

맛이 덜한 짐브레트 반죽 대신 브리오슈를 링 모양으로 만들어 팔기도 합니다. 원래 짐브레트 달비는 링 모양으로 잡은 반죽을 끓는 물에 데쳤다가 다시 오븐에서 굽는데, 이는 17세기 폴란드의 유대인들이 만들기 시작한 베이글과 비슷한 공정입니다. 익혀 먹는 방법은 다르지만 유대인이 숨어 지냈던 스페인의 지로나에도 링 모양의 과자 '로스키야Rosquilla'가 존재하는 것을 보면 유대인을 통해 링 모양의 과자들이 서로 연관되어 있는 게 아닌지 조심스럽게 추측해봅니다.

Ingrédient

짐브레트 반죽

박력분 100g

강력분 100g

설탕 70g

소금 1g

달걀전란 50g

물 50g

오렌지꽃물 5g

레몬제스트 적당량

아니스 5g

≈ Pâte à gimblette

1 볼에 체 친 박력분, 강력분, 설탕, 소금, 달걀전란, 물, 오렌지꽃물, 레몬제
스트, 아니스를 넣고 믹싱해줍니다.

2 뭉쳐지기 시작하면 고속으로 올려 글루텐을 형성시켜줍니다.

3 볼 입구를 랩핑한 후 두 배로 부풀 때까지 1차 발효시켜줍니다.

4 1차 발효가 끝난 반죽은 펀치해 가스를 빼줍니다.

5 둥글리기한 후 50g씩 분할해줍니다.

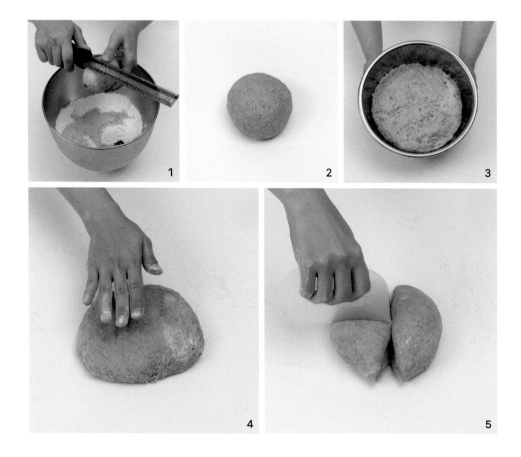

기타

달걀물 적당량

분량

: 지름 13cm, 높이 3cm
  짐브레트 달비 4개

6 다시 둥글리기한 후 손가락으로 구멍을 내 도넛 모양으로 만들어줍니다.

7 두 배로 부풀 때까지 상온에서 2차 발효시켜줍니다.

≈ Finition

8 2차 발효가 끝난 반죽은 끓는 물에 넣고 뒤집어가며 앞뒤로 1분씩 데쳐줍니다.

9 물기를 제거한 후 팬닝합니다.

10 달걀물을 얇게 골고루 바르고 180℃로 예열된 오븐에서 노릇해질 때까지 구워 완성합니다.

6-1   6-2   7

8   9

10

퀴르블레는 얇은 밀가루 반죽을 동그랗게 말아 만든 과자입니다. 오드프랑스Hauts-de-France의 고프르를 아주 얇게 구워 말아놓은 것과 같은 형태입니다.

　퀴르블레의 탄생에는 재미있는 전설이 있습니다. 어느 날 사냥을 하던 황태자가 숲에서 길을 잃어 필로멘이라는 양치기 소녀의 집에 잠시 머물게 됩니다. 아무것도 대접할 게 없던 필로멘은 황태자를 위해 무늬가 있는 2개의 자루삽을 이용해 과자를 구웠습니다. 틀에서 꺼내자 노릇한 과자 겉면에 삽 무늬가 새겨졌고 이를 본 황태자가 퀴르블레라 이름 지었습니다. 황태자가 돌아간 뒤 그녀는 대장장이에게 두 삽 사이에 경첩을 붙여 연결하고 긴 손잡이를 붙여달라 주문했고 완성된 삽 틀과 레시피는 오래도록 간직되었습니다. 옛날에는 집에서 퀴벨이라는 불피우게 삽을 사용했습니다. 이 삽은 결혼할 때 신부가 가져오는 지참금 중 하나였는데, 배우자의 이름, 가족의 문장이나 장식이 새겨져 있었다고 합니다. 퀴르블레는 주로 돼지 도축 기간인 겨울에 많이 구워 2~3개월 동안 저장해두고 먹었습니다.

　전설과 별개로 실제 이 과자는 루이 14세 이후 프랑스 여러 지역에서 발견되는 '우블리Oublie' 중 하나입니다. 미디피레네Midi-Pyrénées의 타른Tarn에서 퀴르블레가 자리 잡은 것은 1872년 '라 메종 앙드리외la maison Andrieu'라는 가게에서 판매하면서였고 이후 많은 제과점과 빵집에서 팔기 시작했습니다.

Ingrédient

퀴르블레 반죽

박력분 125g

설탕 125g

레몬제스트 적당량

우유 60g

물 60g

달걀전란 80g

식용유 7g

다크럼 5g

녹인 무염버터 15g

기타

녹인 무염버터 적당량

≈ Pâte à cubelet

1   볼에 체 친 박력분, 설탕, 레몬제스트, 우유, 물, 달걀전란, 식용유, 다크럼, 녹인 버터를 넣고 덩어리 지지 않게 섞어줍니다.

≈ Finition

2   달궈진 고프르 틀 양면에 녹인 버터를 골고루 발라줍니다.

3   반죽을 적당량 붓고 틀을 돌려가며 재빨리 넓게 펴줍니다.

분량

: 지름 13cm
 퀴르블레 15개

4 뚜껑을 덮고 뒤집으며 양면이 노릇해질 때까지 구워줍니다.

5 뜨거울 때 돌돌 말아 완성합니다.

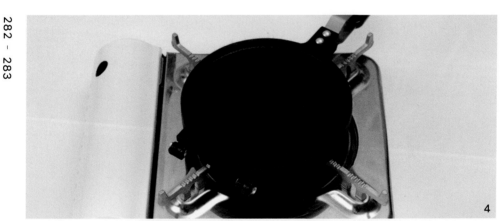

4

5

■ 64 ■ 미야수 오 포티롱　　　　　　　　　*Millasou au Potiron*

'미야스Millas'는 '옥수수'를 뜻하는 '마이스maïs'와 '곡물'을 뜻하는 '미예millet'의 파생어입니다. 미야수 오 포티롱은 주로 옥수수가루와 돼지 지방을 섞어 죽처럼 구워 만든 것으로, 프랑스 서남부에서 볼 수 있는 미야스의 한 종류입니다. 참고로 프랑스 남부에서는 주로 조를 재배했지만 옥수수가 들어와 조의 많은 부분을 대신하자 프로방스어로 '조'를 뜻하는 '미예millet' 단어와 비슷한 옥수수 관련 단어가 많아졌습니다. 프로방스어로 '밀milh'은 '옥수수', '밀리야스milhàs'는 '옥수수 죽', '미야다milhada'는 '옥수수 과자'를 뜻합니다.

　　옥수수가 들어오기 전 미야스는 조를 넣어 만들었습니다. 미야스 반죽을 알비파(프랑스 서남부에서 시작된 이단) 농부들이 식사로 만들어 먹기 시작했는데, 옥수수가 많이 재배되자 상품성이 떨어지는 것들은 가축에게 주었고 남은 옥수수로 미야스를 만들어 먹었습니다. 옥수수를 재배했던 곳에 미야스 반죽과 비슷한 요리나 과자가 많이 남아 있습니다.

　　프랑스 남부는 서양종 호박을 많이 재배하는 지역입니다. 미야수 오 포티롱은 미디피레네Midi-Pyrénées 타른Tarn의 서양종 호박을 함께 넣어 굽는 향토 과자입니다. 이렇듯 미야수 오 포티롱은 프랑스 각 지역의 특징이 반영되어 서로 다른 형태로 자리 잡았습니다.

Ingrédient

우유 250g

달걀전란 130g

다크림 25g

녹인 무염버터 40g

박력분 40g

설탕 75g

소금 1g

바닐라빈 1/6개

주황호박 250g

분량

: 길이 20cm, 폭 10cm
  타원형 도기 1개

1 볼에 우유, 달걀전란, 다크림, 녹인 버터를 넣고 섞어줍니다.

2 체 친 박력분, 설탕, 소금, 바닐라빈을 넣고 덩어리 지지 않게 풀어줍니다.

3 미리 익혀 체에 내려둔 주황호박을 넣고 섞어줍니다.

4 오븐용 도기에 80% 정도 채운 후 180℃로 예열된 오븐에서 30분간 구워 완성합니다.

양배 씨가 소개하는 **프랑스 마켓**

① 방브 벼룩시장
(Marché aux puces de la porte de Vanves)

400여 명의 상인들이 18세기 가구부터 빈티지 보석, 식기구 등을 판매하는 벼룩시장입니다. 다른 벼룩시장보다 가격이 조금 비싸긴 하지만 상태가 좋고 가치 있는 물건들이 많습니다. 흥정을 잘하면 좀 더 저렴하게 구입할 수 있습니다. 한 가지 주제를 가지고 물건을 수집하는 상인이 많기 때문에 만약 판매대에서 제과 도구를 발견했다면 그 상인은 제과에 관련된 골동품을 많이 가지고 있을 가능성이 높습니다.

영업 시간: 매주 토, 일 오전 7시에 오픈해 보통 1시쯤 마감한다.
위치: Avenues Georges Lafenestre et Marc 14e Arrondissement, 75014 Paris

② 생투앵 벼룩시장
(Marché aux puces de Saint-Ouen)

189년에 파리 성벽 외곽에 세워진 생투앵 벼룩시장은 파리에서 가장 큰 엔틱 마켓입니다. 규모가 커 골목별로 파는 제품들이 나누어져 있고, 방브 벼룩시장보다 가격도 조금 더 저렴한 편입니다. 소매치기가 가장 많은 벼룩시장으로 알려져 있으니 소지품을 잃어버리지 않도록 주의하는 것이 좋습니다.

영업 시간: 매주 금, 토, 일, 월 오전 8시 오픈해 보통 6시에 마감한다.
위치: Avenue Michelet, 93400 Saint-Ouen

286 - 287

③ 리옹 엔틱 마켓
(Brocante du Vieux-Lyon)

매년 9월쯤 리옹 대성당 앞 광장에서 열리는 규모가 큰 엔틱 마켓입니다. 각지에서 온 60여 명의 판매자들이 다양한 골동품을 판매합니다. 정확한 오픈 일정은 웹사이트(www.lyon-france.com)에서 확인할 수 있습니다.

위치: Place Saint-Jean, 69005 Lyon

④ 보르도 생미셸 벼룩시장
(Les puces Saint-Michel)

1942년에 지어진 보르도 생미셸 성당 앞 광장에 세워지는 큰 시장입니다. 옛날에는 난민이나 이민자들이 무리지어 살던 곳에 골동품 시장이 주로 자리 잡았습니다. 새 물건을 살 수 없고 중고품으로 생활을 꾸려야 했던 사람들이 스스로 만든 시장으로, 처음에는 다문화가 섞인 난민과 이민자들의 마을에 자리 잡은 시장이었습니다. 지금은 주로 엔틱 가구나 장식품을 판매합니다. 정확한 오픈 일정은 웹사이트(www.lespucesdestmichel.com)에서 확인할 수 있습니다.

위치: Place Pey Berland, 33000 Bordeaux

프레스카티는 랑그독Languedoc의 세트Sète라는 도시에서 19세기부터 만들어 먹던 과자입니다. 향토 과자라 하기에는 비교적 최근이지만 세트 하면 떠오르는 전통적인 과자입니다. 사블레를 바닥에 깔고 건포도가 들어간 제누아즈와 럼, 이탈리안 머랭으로 만든 화려한 과자입니다. 이탈리안 머랭을 샌드하고 커피 퐁당으로 덮어씌워 유통기한이 길기 때문에 지중해 항구의 더운 기온에 견디는 과자로 탄생했습니다.

처음에는 도시의 부유한 상인들이 즐겨 먹기 시작했으며 지금은 매년 8월 25일에 열리는 생루이 축제 때 가족들과 나누어 먹는 디저트로 자리 잡아 세트를 대표하는 과자가 되었습니다. 여전히 세트에서는 프레스카티를 즐겨 먹으며 다른 지역으로 퍼져 나가지 않아 세트에서만 판매하는 거의 유일한 과자가 되었습니다.

Ingrédient

쉬크레 반죽(316p)

박력분 110g
무염버터 42g
슈거파우더 50g
달걀전란 25g

럼 비스퀴

달걀노른자 30g
설탕 50g
달걀흰자 60g
박력분 40g
녹인 버터 25g
건포도 100g
다크럼 100g

≈ Pâte sucrée

1 휴지가 끝난 쉬크레 반죽을 4mm 두께로 밀어준 후 수증기가 나갈 구멍을 내줍니다.

2 지름 15cm의 원형 틀로 자른 후 170℃로 예열된 오븐에서 15분간 구워줍니다.

≈ Biscuits au rhum

3 달걀노른자에 설탕을 넣고 고속으로 뽀얗게 거품을 올려줍니다.

4 다른 볼에 달걀흰자를 넣고 고속으로 거품을 올려 단단한 상태의 머랭을 만들어줍니다.

시럽
30보메 시럽 50g
다크럼 50g

5   ③에 ④의 머랭을 절반 넣고 바닥에서 위로 뒤집어 올리듯 섞어줍니다.

6   나머지 머랭을 넣고 아래에서 위로 떠올리듯 섞어줍니다.

7   체 친 박력분을 넣고 아래에서 위로 떠올리듯 골고루 섞어줍니다.

8   50℃로 녹인 버터를 넣고 빠르게 섞어줍니다.

9   다크럼에 하룻밤 절여둔 건포도를 넣고 섞어줍니다.

10 종이호일을 깐 틀에 붓고 170℃로 예열된 오븐에서 40분간 구워줍니다.

11 30보메 시럽(물 100g + 설탕 135g)과 다크럼을 섞어 구워져 나온 비스
    퀴에 골고루 적셔줍니다.

이탈리안 머랭

물 45g
설탕 130g
달걀흰자 66g

커피 글라사주

퐁당 300g
커피 엑기스 10g
30보메 시럽 80g
커피 엑기스 10g

≈ Meringue italienne

12 냄비에 물과 설탕을 넣고 118℃까지 가열합니다.

13 볼에 달걀흰자를 넣고 단단한 거품을 올려줍니다.

14 ⑫이 118℃가 되면 불에서 내려 ⑬에 조금씩 부어가며 빠르게 휘핑해줍니다. 머랭이 미지근하게 식으면 믹서를 꺼줍니다.

≈ Glaçage au café

15 볼에 40℃로 데운 퐁당과 커피 엑기스를 넣고 섞다가 30보메 시럽(물 100g + 설탕 135g)을 조금씩 넣어 농도를 조절하며 커피 글라사주를 만들어줍니다.

기타

붉은 과일 적당량

분량

: 지름 16cm, 높이 12cm
프레스카티 1개

≈ **Finition**

16 ② 위에 이탈리안 머랭을 얇게 발라줍니다.

17 시럽이 발려진 부분이 아래를 향하도록 ⑪을 올려준 후 다시 윗면에 시럽을 발라줍니다.

18 남은 이탈리안 머랭으로 케이크 전체를 아이싱합니다.

19 커피 글라사주를 입힌 후 체리, 라즈베리 같은 붉은 과일을 올려 완성합니다.

오레이예트는 도넛의 일종으로, 반죽을 얇게 밀어 기름에 튀겨 먹는 과자입니다. 반죽에는 주로 오렌지꽃물을 넣어 향을 내고 구운 뒤에는 슈거파우더를 뿌려 먹습니다. 오레이예트는 지역마다 조금씩 다른 모양과 이름을 가지고 있는데, 사부아, 생테티엔, 리옹에서는 '뷔뉴Bugne', 보르도, 가스코뉴, 샤랑트마리팀에서는 '메르베유Merveilles', 푸아투에서는 '푸티마송Foutimassons', 오베르뉴에서는 '그니유Guenilles' 등으로 불립니다. 프랑스 곳곳에 퍼져 있을 뿐만 아니라 프랑스 식민지에서도 오레이예트 같은 튀긴 과자를 쉽게 찾아볼 수 있습니다.

랑그독Languedoc과 프로방스Provence에서는 오레이예트를 사순절이나 성탄절에 먹었습니다. 특히 사육제(사순절 금식 전 행하는 축제) 때 40일간 행해질 금식을 대비해 기름진 음식을 많이 먹어두었는데, 이때 만들어 먹던 과자입니다. 지금은 꼭 축제 기간이 아니더라도 식료품점에서 쉽게 만날 수 있습니다.

시장에서 쉽게 만날 수   무게로 계산해서
있는 오레이예트   판매한다.

Ingrédient

오레이예트 반죽

강력분 250g
박력분 250g
슈거파우더 50g
소금 1g
레몬제스트 적당량
올리브오일 50g
오렌지꽃물 5g
달걀전란 160g

≈ Pâte à oreillette

1 볼에 체 친 강력분, 박력분, 슈거파우더, 소금, 레몬제스트를 넣고 섞어줍니다.

2 올리브오일, 오렌지꽃물, 달걀전란을 넣고 손으로 반죽합니다.

3 한 덩어리로 매끈하게 섞이면 랩핑한 후 냉장실에서 2시간 이상 휴지시켜줍니다.

≈ Finition

4 휴지가 끝난 반죽은 1mm 두께로 밀어줍니다.

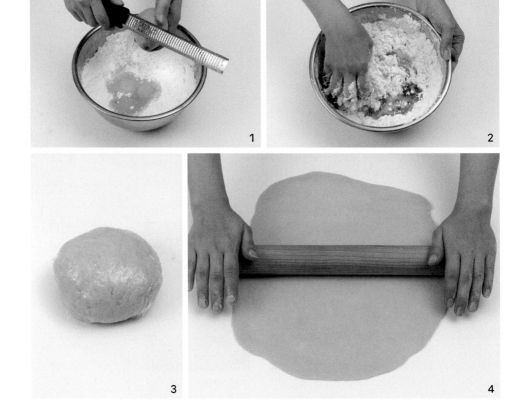

시럽
식용유 적당량
슈거파우더 적당량

분량
: 가로 10cm, 세로 5cm
 오레이예트 20개

5   가로 5cm, 세로 10cm의 사각형 모양으로 잘라줍니다.

6   냄비에 식용유를 넣고 가열하다 180℃가 되면 반죽을 하나씩 넣고 뒤집
    어가며 튀겨줍니다.

7   노릇하게 익으면 식힘망에 올려 기름을 뺀 후 슈거파우더를 뿌려 완성합
    니다.

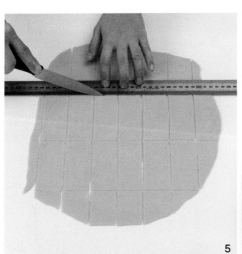

5

6

7

▬67▬ 브라드 베뉘스   *Bras de Vénus*

'비너스의 팔'이라는 뜻의 브라 드 베뉘스는 '집시의 팔'이라는 뜻의 '브라 드 지탕Bras de gitan'이라고 도 불립니다. 원래 건과일로 겉면을 화려하게 장식했는데, 이 모습이 보석을 두른 아름다운 팔처럼 보 여 붙은 이름인 것 같습니다. 브라 드 베뉘스와 비슷한 과자로는 프로방스Provence에서 성탄절에 만들 어 먹던 '뷔슈 드 노엘Bûche de Noël'이 있습니다.

    브라 드 베뉘스에 관한 자세한 유래는 정확하게 알려진 바가 없지만 19세기에 등장한 롤케이크 형태의 과자들은 프랑스뿐만 아니라 스위스, 독일 등지에서도 존재했습니다. 브라 드 베뉘스 레시피 의 독특한 점은 비스퀴 반죽의 머랭을 만들 때 설탕 대신 소금을 넣는다는 점입니다. 프랑스 향토 과 자를 찾다 보면 가끔 소금을 넣는 머랭이 있는데, 설탕을 넣고 올리는 머랭보다 가볍고 유연해 구웠 을 때 과자가 훨씬 더 부드럽게 완성됩니다. 브라 드 베뉘스는 지금은 비록 찾아보기 힘든 과자이지 만 우리에게 친숙한 롤케이크의 시작점이라 생각하니 향토 과자를 빼놓고는 현대 제과를 이야기할 수 없음을 깨닫게 됩니다.

Ingrédient

비스퀴 반죽

달걀노른자 85g

설탕 80g

달걀흰자 95g

소금 1g

레몬즙 7g

박력분 85g

녹인 무염버터 30g

시럽

30보메 시럽 50g

레몬즙 50g

≈ Pâte à biscuits

1 볼에 달걀노른자와 설탕을 넣고 거품이 뽀얗게 올라올 때까지 휘핑해줍니다.

2 다른 볼에 달걀흰자를 넣고 거품을 올리다가 소금과 레몬즙을 넣고 휘핑해 단단한 상태의 머랭을 만들어줍니다.

3 ①에 체 친 박력분을 넣고 섞어줍니다.

4 ②를 조금씩 넣어가며 섞어줍니다.

5 녹인 버터를 넣고 섞어줍니다.

6 30×40cm 크기의 팬에 채워 평평하게 펴준 후 175℃로 예열된 오븐에서 13분간 구워줍니다.

7 식힘망에서 완전히 식힌 후 유산지 위에 올려줍니다. 30보메 시럽(물 100g + 설탕 135g)과 레몬즙을 섞어 비스퀴에 골고루 적셔줍니다.

파티시에 크림(52p) 130g

달걀노른자 20g

설탕 25g

강력분 10g

바닐라빈 1/6개

우유 100g

나파쥬

살구 퓌레 150g

설탕 150g

NH펙틴 7g

기타

구운 슬라이스 아몬드 적당량

건포도 적당량

분량

: 지름 9cm, 길이 20cm

  브라 드 베뉘스 1개

8 파티시에 크림을 골고루 발라줍니다.

9 유산지를 이용해 돌돌 말아줍니다.

≈ Nappage

10 냄비에 살구 퓌레를 넣고 40℃까지 데운 후 미리 섞어둔 설탕과 NH펙틴
    을 넣고 저으면서 100℃까지 가열해줍니다.

≈ Finition

11 뜨거운 상태의 ⑩을 ⑨의 앞쪽부터 재빨리 지그재그로 부어가며 비스퀴
    전면을 덮어줍니다.

12 구운 슬라이스 아몬드와 건포도를 올려 완성합니다.

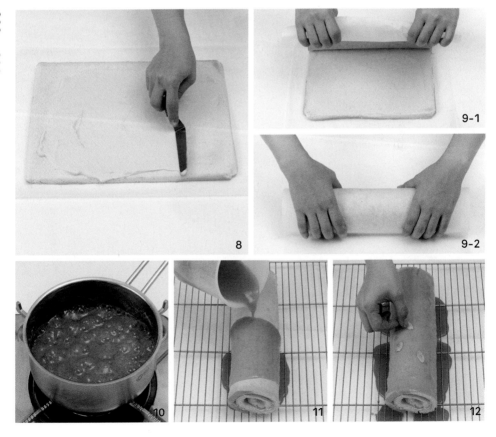

17세기 전까지 카탈루냐령이었던 루시옹Roussillon의 향토 과자입니다. '왕관'을 뜻하는 카탈루냐어 '로스카rosca'에서 비롯된 이름이며 스페인에서는 '로스키야Rosquilla'라고 부릅니다. 카탈루냐 문화권 축제에서는 빠지지 않는 전통 과자로, 상인들은 긴 막대에 과자를 끼워서 들고 다니거나 상점 앞에 세워둡니다.

스페인의 로스키야에는 네 가지 종류가 있습니다. '로스키야스 톤타스Rosquillas tontas'는 남은 빵 반죽에 아니스를 섞어 굽고 '로스키야스 리타스Rosquillas listas'는 알록달록한 색소를 넣어 구운 뒤 윗면에 퐁당을 바릅니다. 또 '로스키야스 데 산타 클라라Rosquillas de Santa Clara'는 머랭을 올려 굽고 '로스키야스 프란세사스Rosquillas francesas'는 아몬드를 뿌려 굽습니다. 프랑스로 전파된 로스키야는 로스키야스 리타스에 가깝습니다. 루시옹에서 루스키유가 상품화되기 시작한 것은 1810년 로베르 세글라라는 제과사가 레몬과 아니스가 들어간 루스키유 반죽에 퐁당을 덮어 만들어 팔기 시작한 게 전국 각지로 퍼졌습니다.

스페인에서는 이미 중세시대부터 먹던 과자였지만 18세기 포르투갈의 바르바라는 자신이 프랑스 루시옹에서 먹었던 것이 훨씬 부드럽고 달콤하다며 요리사에게 불평합니다. 그러자 요리사는 기존 루스키유 반죽에 아몬드가루를 넣어 부드럽게 만들고 퐁당을 덮어 달콤하게 완성합니다. 그래서 오늘날은 부드러운 형태로 먹게 되었지만 옛날에는 아주 단단하게 구워내는 저장성이 좋은 과자였습니다.

저는 스페인 지로나를 여행할 때 이 과자를 만났습니다. 1877년 문을 연 '폰트 데 페로Font de Ferro'라는 가게였는데, 그곳에서 크로캉과 퐁당이 발려진 로스키야스 리타스를 먹어보았습니다. 듣던대로 딱딱하기는 했지만 아니스의 톡 쏘는 향과 퐁당의 사르르 녹는 단맛이 잘 어울렸습니다.

스페인 지로나에서 만난 오래된 제과점

이름은 다르지만 루스키유와 똑같은 과자가 있다.

Ingrédient

루스키유 반죽

강력분 50g

박력분 150g

베이킹소다 3g

무염버터 50g

레몬제스트 1/2개

달걀전란 45g

≈ Pâte à rousquilles

1   볼에 체 친 강력분, 박력분, 베이킹소다, 버터, 레몬제스트를 넣고 가볍게 섞어줍니다.

2   달걀전란을 넣고 골고루 섞어줍니다.

3   완성된 반죽은 랩핑한 후 냉장실에서 1시간 휴지시켜줍니다.

4   휴지가 끝난 반죽은 5cm 두께로 밀어줍니다.

글라스 루아얄

슈거파우더 200g
달걀흰자 40g

분량

: 지름 9cm
  루스키유 15개

5 지름 9cm와 3cm의 틀로 찍어 도넛 모양으로 만들어줍니다.

6 팬닝한 후 175℃로 예열된 오븐에서 15분간 구워 식혀줍니다.

≈ Glace royale

7 볼에 체 친 슈거파우더와 달걀흰자를 넣고 덩어리 지지 않게 잘 섞어 뽀얀 상태의 글라스 루아얄을 만들어줍니다.

≈ Finition

8 짤주머니에 글라스 루아얄을 담고 과자 위에 원을 그려가며 하얗게 덮어 완성합니다.

5-1   5-2   6

7   8

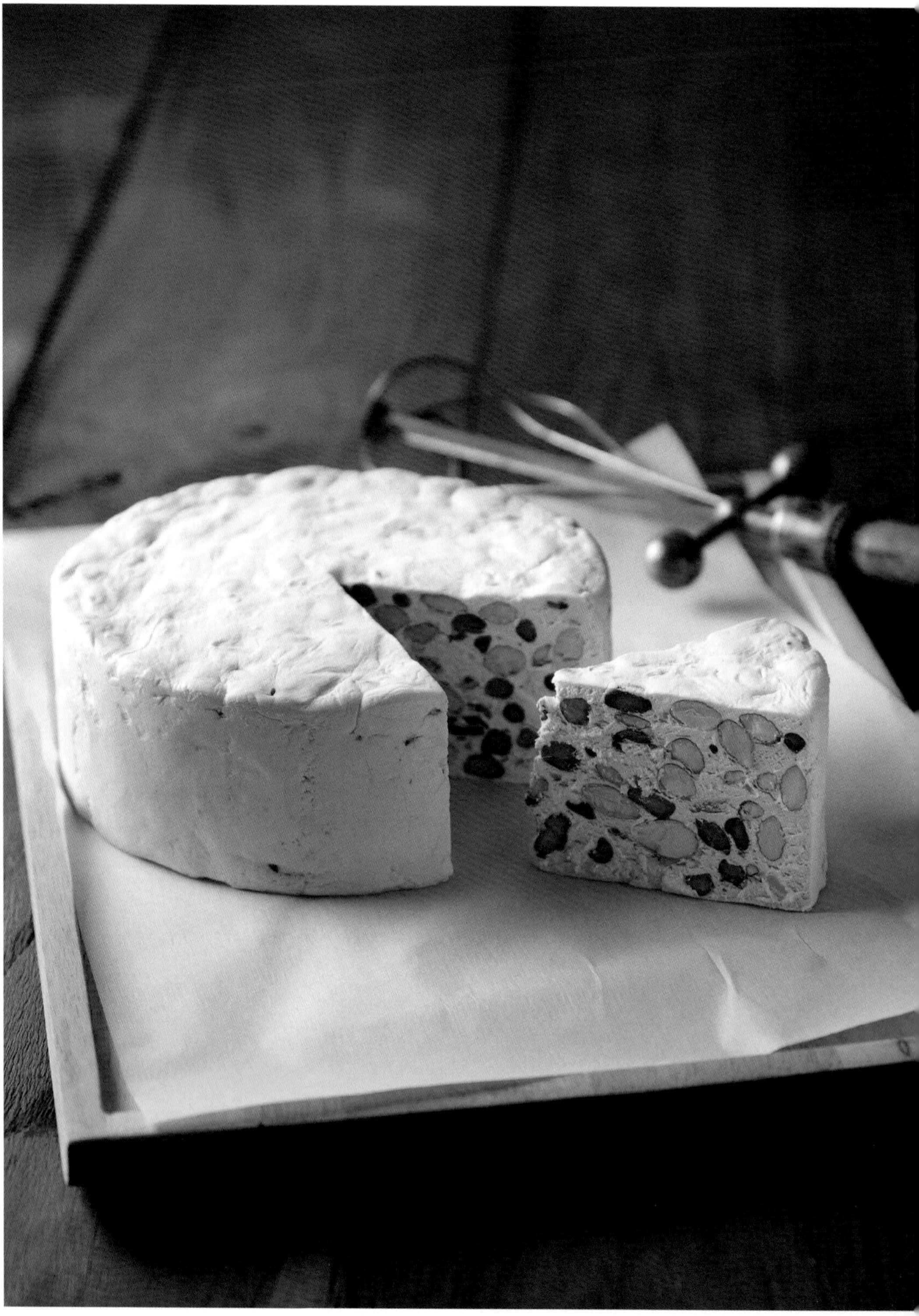

■69■ 누가 드 몽테리마르 *Nougat de Montélimar*

프랑스 남부 어디서든 흔하게 볼 수 있는 과자 중 하나가 바로 누가 드 몽테리마르입니다. 하얀 누가 반죽 사이사이로 갈색과 초록색의 견과가 알록달록 박혀 있는데, 지금은 누가 반죽에도 색을 입혀 분홍, 초록 같은 색깔 있는 누가를 팔기도 합니다.

누가 드 몽테리마르는 프로방스Provence 몽테리마르Montelimar의 향토 과자로, 10세기 바그다드의 중동 요리책에 처음 등장했습니다. 그리고 13세기에는 안달루시아에서, 14세기 스페인 카탈루냐에서는 '토론스Torrons'라는 이름의 누가 과자가 등장합니다. 잣을 사용한 누가였지만 만드는 방법은 아몬드 누가와 유사했습니다. 그리고 이 레시피를 1600년 프랑스 아르데슈Ardèche에 사는 농학자 올리비에 드 세르가 전해 받습니다. 전해지는 이야기에 따르면 14세기부터 프로방스에서는 아몬드를 재배했고 16세기에는 리옹 박람회에서 아몬드를 팔기 시작했으며, 올리비에 드 세르는 몽테리마르 근처에서 직접 재배한 아몬드로 누가를 만들었다고 합니다.

누가 드 몽테리마르는 몽테리마르의 시장이었던 에밀 루베가 프랑스 대통령에 당선되고 임기 동안 이 과자의 홍보에 열을 올리면서 유명해졌습니다. 또 당시 엘리제 궁전을 방문하는 국빈에게 누가 드 몽테리마르를 제공하면서 국제적으로도 유명해졌습니다. 지금도 몽테리마르에 가면 누가 박물관이 있는데, 견과류 30% 이상, 꿀 25% 이상을 사용해야만 누가 드 몽테리마르라고 부를 수 있습니다.

엑상프로방스에서
만난 누가 드 몽테리마르
가게

누가 드 몽테리마르를
아주 크게 만들어 무게 만큼
잘라 판다.

Ingrédient

꿀 230g
달걀흰자 75g
설탕 450g
물 150g
글루코스 75g,
견과류 150g

1 냄비에 꿀을 넣고 124℃까지 가열해줍니다. 동시에 다른 볼에 달걀흰자를 넣고 고속으로 휘핑해줍니다.

2 다른 냄비에 설탕, 물, 글루코스를 넣고 138~148℃까지 가열해줍니다.

3 ①의 달걀흰자가 단단한 머랭으로 완성되면 124℃의 꿀을 조금씩 넣어가며 저속으로 휘핑해줍니다.

4 믹싱 날을 휘퍼에서 비터로 바꾼 후 ②가 148℃가 되면 불에서 내려 ③에 조금씩 부어가며 섞어줍니다.

기타
옥수수전분 적당량
식용유 적당량

분량
: 지름 15cm, 높이 5cm
 무스 링 1개

5 고속으로 올려 40℃가 될 때까지 믹싱해줍니다.

6 견과류를 넣고 골고루 섞일 때까지 가볍게 믹싱해줍니다.

7 옥수수전분을 뿌린 작업대 위에 올려 매끈하게 정리해줍니다.

8 지름 15cm의 원형 무스 링 안쪽에 식용유를 골고루 바른 후 ⑦을 눌러 넣습니다.

9 건조한 상온에서 반나절 동안 굳힌 후 링에서 꺼내 먹기 좋은 크기로 잘라 완성합니다.

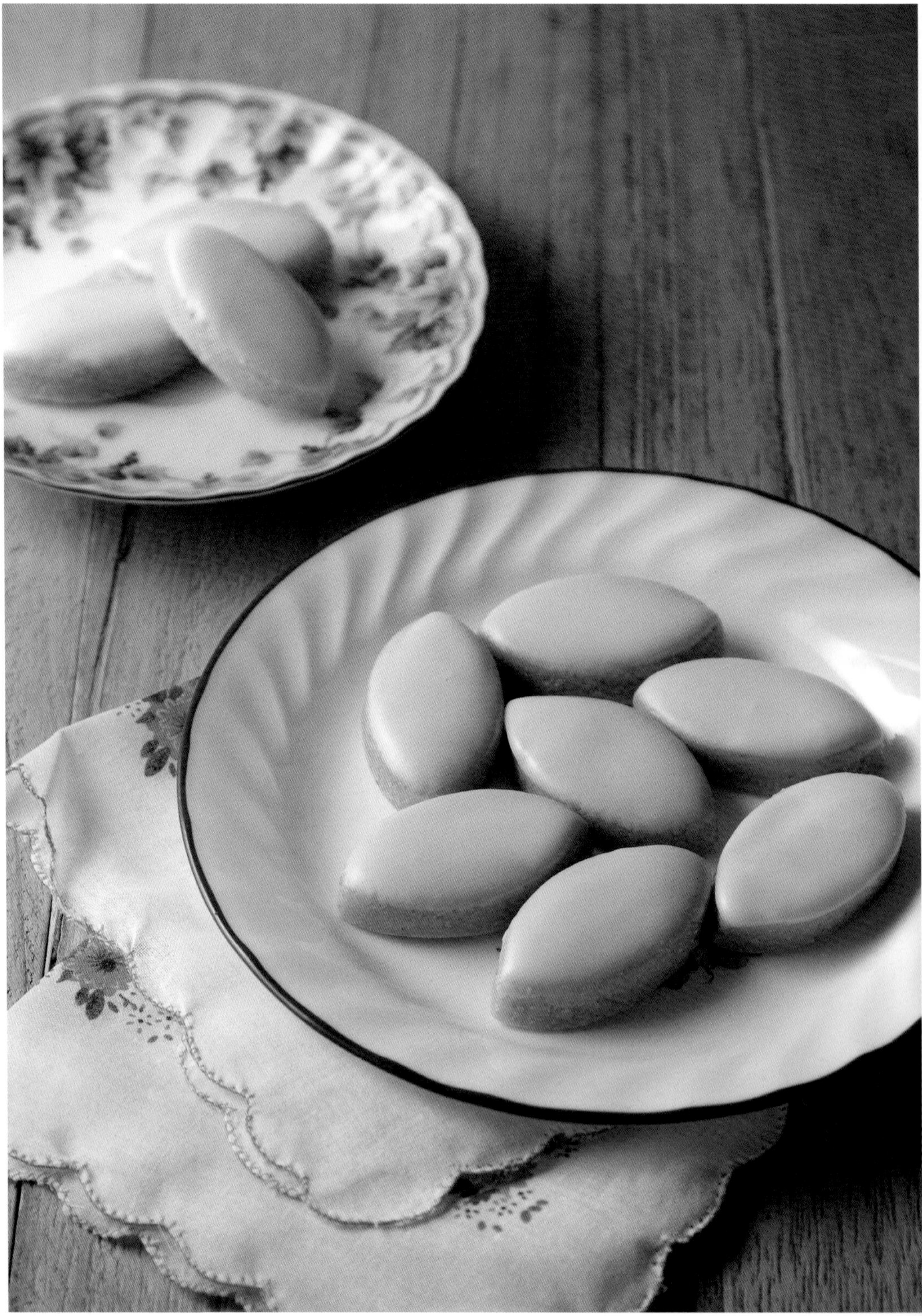

칼리송 덱스는 엑상프로방스Aix-en-Provence에서 전해 내려오는 아몬드 설탕 과자입니다. 아몬드와 설탕이 주재료이며 옛날에는 메론콩피를 함께 넣어 만들었는데, 지금은 오렌지를 사용하거나 과일이 아예 들어가지 않는 칼리송 덱스도 있습니다.

칼리송 덱스의 원형은 중세시대 이탈리아에서 발견할 수 있습니다. 칼리송 덱스에 대한 이야기가 최초로 언급된 것은 1275년 마르티노 다 카날의 『Cronique des Veniciens(베네치아 연대기)』라는 책에서입니다. 나폴리에 거주하던 프로방스의 왕 르네가 프랑스 앙주Anjou로 돌아와 치른 두 번째 결혼식에 이 과자가 등장하면서 이탈리아에서 프로방스로 전해졌습니다. 입맛이 까다롭기로 유명했던 왕비 잔은 칼리송 덱스를 맛보자 미소를 띠었고 이를 본 르네왕이 '이 과자를 포옹이라 부르라Di calin soun'라고 말한 것이 지금의 칼리송 덱스가 되었다는 이야기입니다.

이는 15세기 중반의 일로, 이때는 아몬드와 밀가루를 넣어 만든 케이크를 '칼리소네Ccalisone'라고 부르던 때였습니다. 오늘날과 같은 형태의 칼리송 덱스는 16세기 엑상프로방스에서 아몬드 재배가 확대되고 아몬드 무역도 활발해짐에 따라 프로방스의 향토 과자로 자리 잡았습니다. 또 17세기 프로방스에 전염병이 유행한 뒤 매년 엑스Aix의 수호신에게 드리는 미사에서 대주교가 참석자들에게 칼리송 덱스를 나누어 주었고 이 전통은 프랑스 혁명 시기까지 계속되었습니다.

프로방스에서는 성탄절이면 '13디저트Treize desserts'를 먹는데, 이 13디저트 중 빼놓을 수 없는 것이 바로 칼리송 덱스입니다. 엑상프로방스 거리에서 칼리송 덱스를 팔지 않는 가게를 찾기 어려울 정도로 프랑스 남부에서 가장 특징적인 과자입니다. 또 남부뿐만 아니라 프랑스의 대형 쇼핑몰에서도 잘 포장된 상품을 쉽게 구입할 수 있습니다. 씹을수록 입안 가득 퍼지는 메론콩피의 단맛과 아몬드의 고소한 맛의 칼리송 덱스는 저에게 아몬드를 향으로 즐길 수 있다는 것을 알려준 과자입니다.

성탄절에 먹는
13디저트

엑상프로방스의
칼리송 덱스 가게

포장되어 판매되는
칼리송 덱스

Ingrédient

쉬크레 반죽
간 오렌지콩피 100g
아몬드가루 70g
슈거파우더 70g

≈ Pâte sucrée

1 볼에 푸드프로세서에서 간 오렌지콩피, 체 친 아몬드가루, 슈거파우더를
넣고 섞어줍니다.

≈ Finition

2 한 덩어리로 뭉쳐지면 1cm 두께로 밀어줍니다.

3 칼리송 틀로 찍어줍니다.

기타
풍당 적당량

분량
: 길이 5cm
 칼리송 덱스 20개

4 찍어낸 반죽은 상온에서 하루 동안 건조시켜줍니다.

5 40℃로 데운 풍당에 윗면만 살짝 담궜다 빼내어 코팅해줍니다.

6 풍당이 굳을 때까지 상온에서 건조시켜 완성합니다.

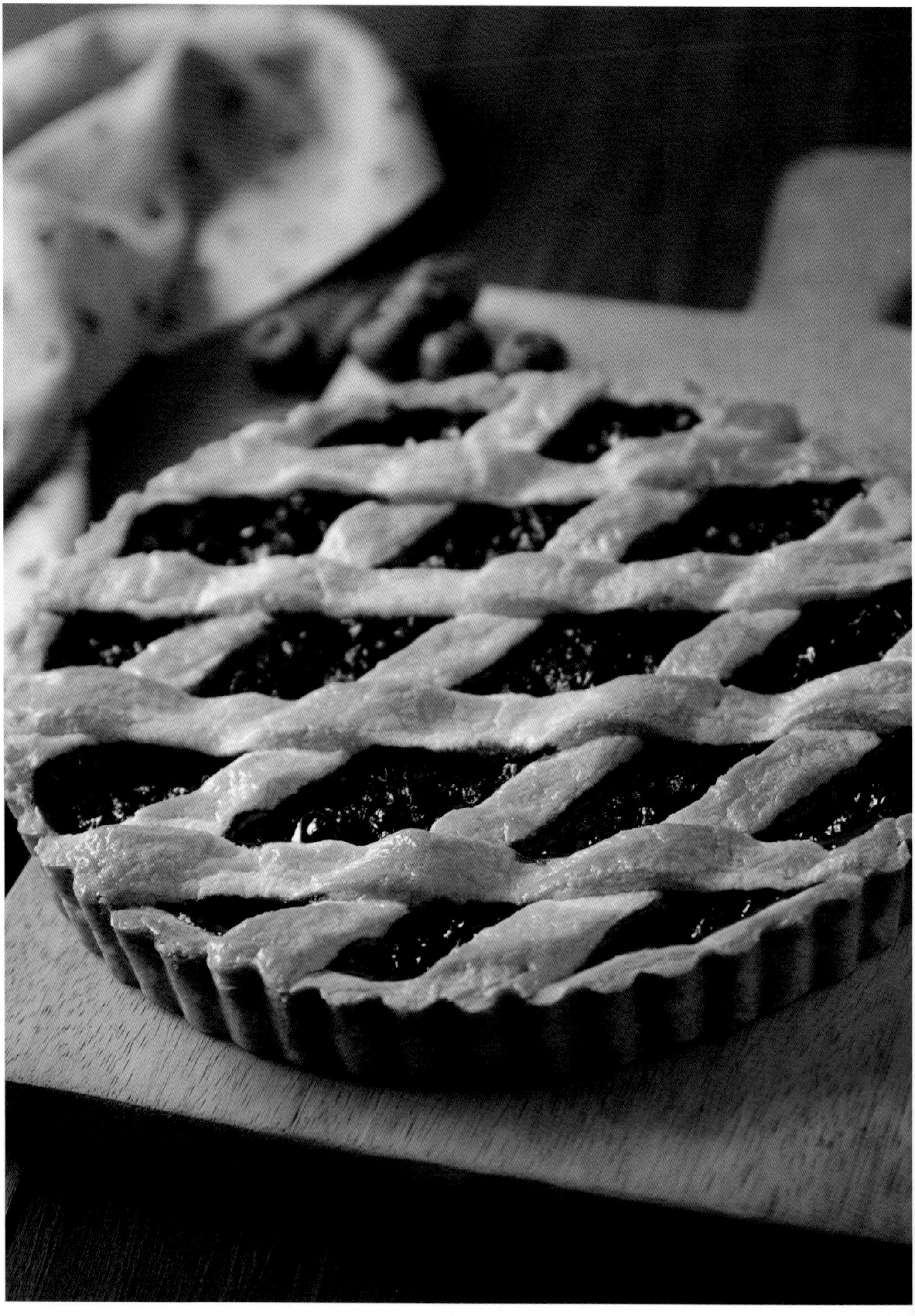

타르트 데 잘프는 잼이 채워져 있는 프랑스 남부의 향토 과자입니다. 원래는 수확한 과일로 잼을 만들어 여름에 먹는 과자였습니다.

잼의 역사는 깊습니다. 1000년경 아랍을 통해 설탕이 유럽으로 들어오면서 잼도 함께 발전합니다. 아랍의 약전에서 유래한 잼은 치료제로 사용되다가 중세시대에 들어 연회의 마지막을 장식하는 상류층의 사치품으로 자리 잡았습니다. 중세시대에는 사탕, 설탕에 절인 과일, 시럽, 꿀로 조리한 모든 음식을 모두 잼(콩피튀르)confiture이라 통칭했습니다. 오랫동안 고급 식품으로 여겨졌던 잼은 사탕무의 발견으로 19세기 초부터 보편화되었습니다. 과일이 많이 생산되는 지역에서는 남은 과일을 한 해 동안 저장해두고 먹는 용도로 설탕과 함께 졸여 잼을 만들었습니다.

알프드오트프로방스Alpes-de-Haute-Provence는 농업이 지역 경제에서 매우 큰 비중을 차지하고 있었는데, 고부가가치 제품으로 과일 생산이 활발했습니다. 특히 질 좋은 사과와 무화과, 포도가 많이 재배되기로 유명합니다. 이 타르트는 주로 자두, 라즈베리, 블루베리 잼을 채워넣고 격자 무늬로 반죽을 교차시켜 장식해 구워내는데, 이런 무늬는 남부 알프스 요리법의 특징 중 하나입니다. 쉬크레 반죽 속에 잼을 채워 굽는 과자라 설탕 함유량이 높아 2~3개월 정도 보관해두고 먹을 수 있습니다.

Ingrédient

쉬크레 반죽

박력분 150g
무염버터 70g
슈거파우더 40g
달걀전란 55g

≈ Pâte sucrée

1 작업대에 체 친 박력분, 버터, 슈거파우더를 놓고 가볍게 섞어줍니다.

2 달걀전란을 넣고 뭉쳐질 때까지 고르게 섞어줍니다.

3 완성된 반죽은 랩핑한 후 냉장실에서 2시간 이상 휴지시켜줍니다.

≈ Finition

4 휴지가 끝난 반죽을 3mm 두께로 밀어줍니다.

5 지름 20cm, 높이 2cm의 타르트 틀에 헐겁게 앉혀줍니다.

6 가장자리 반죽의 두께가 일정하도록 바닥과 옆면을 눌러 고정시켜준 후 밀대로 윗면을 정리해줍니다.

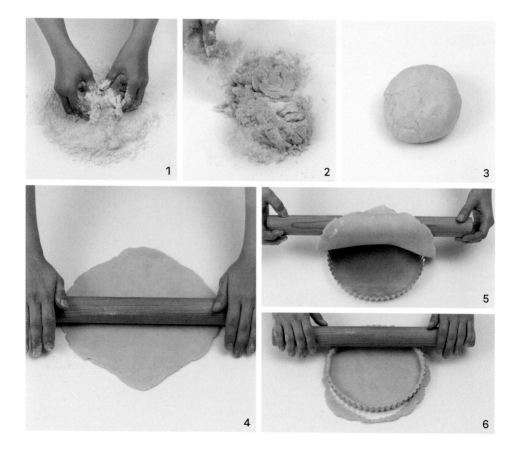

기타
블루베리 잼 300g
달걀물 적당량

분량
: 지름 20cm, 높이 1.5cm
  타르트 데 잘프 1개

7 차가운 상태의 블루베리 잼을 채워줍니다.

8 남은 반죽은 다시 3mm로 밀어 길이 20cm 이상, 폭 15cm의 띠 모양으로 잘라 냉장실에 보관해둡니다.

9 반죽이 단단해지면 냉장실에서 꺼내 ⑦ 위에 격자무늬로 올려줍니다.

10 가장자리를 손으로 눌러 정리해줍니다.

11 달걀물을 얇게 골고루 발라줍니다.

12 170℃로 예열된 오븐에서 40분간 구워운 후 완전히 식혀 완성합니다.

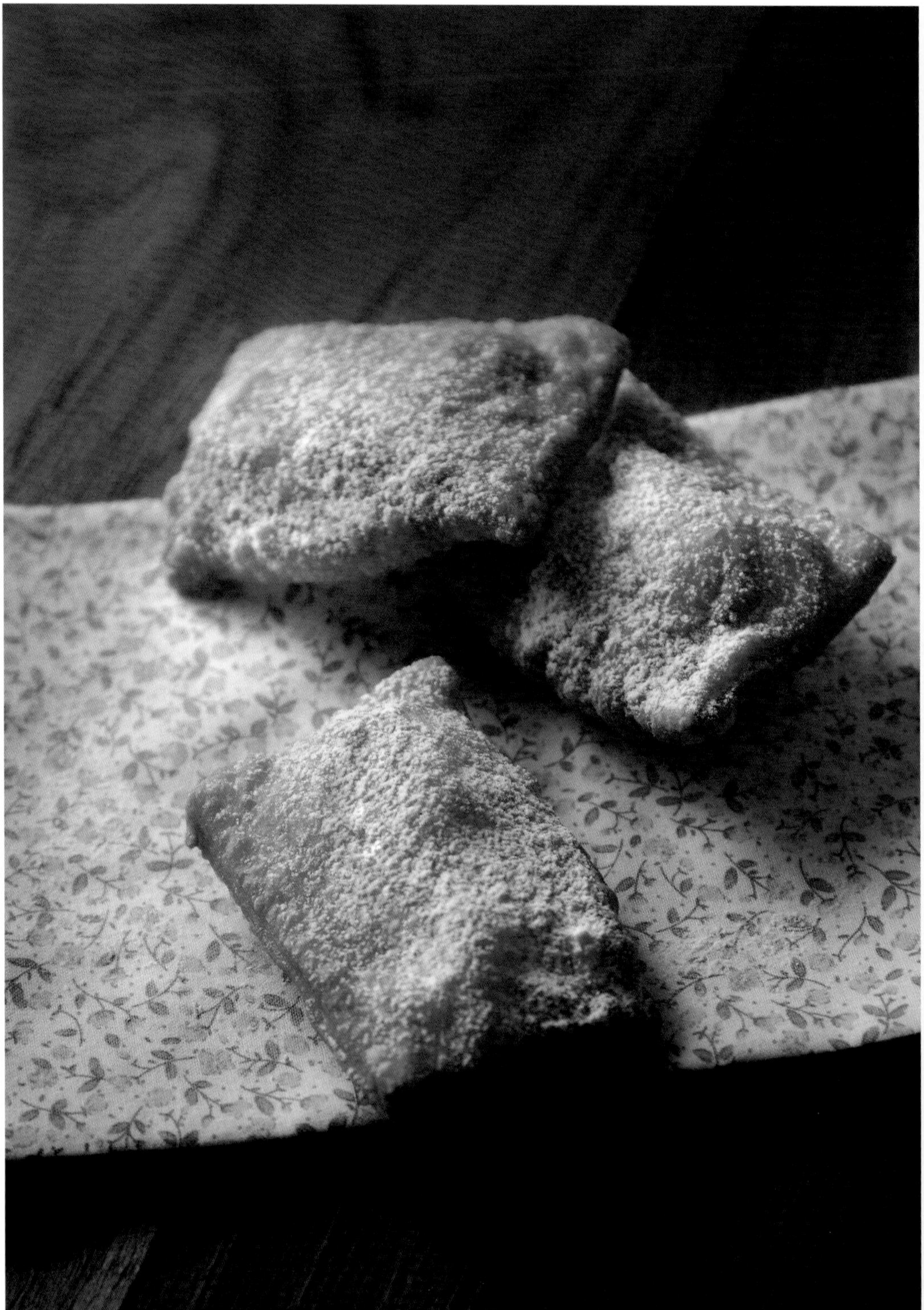

투르통은 샹소르Champsaur의 향토 과자로 주로 성탄절에 만들어 먹는 과자입니다. 네모난 모양 때문에 '아기 예수의 쿠션coussin du petit Jésus'이라는 별명도 있습니다. 전통적으로 투르통은 으깬 감자와 치즈 또는 으깬 사과와 자두로 만듭니다. 집집마다 대대손손 내려오는 레시피가 있으며 대부분 비밀에 부쳐져 있습니다.

투르통은 19세기 다양한 농업 활동을 위해 알파인 계곡에서 내려온 사람들에 의해 프로방스Provence로 전해졌습니다. 1985년 펠레그랑 가문 사람들이 '투르통 뒤 샹소르Tourtons du Champsaur'라는 이름으로 팔기 시작했고 이것이 투르통이 샹소르의 향토 과자가 된 시작점이었습니다.

만드는 방법은 이탈리아의 '라비올리Ravioli'와 비슷합니다. 밀가루 반죽을 만들어 얇게 밀고 그 위에 충전물을 올린 뒤 다시 반죽을 덮어 작은 사각형으로 잘라 튀겨서 먹습니다. 들어가는 충전물에 따라 식전 요리가 되기도 하고 디저트가 되기도 합니다.

Ingrédient

투르통 반죽

중력분 150g
설탕 10g
소금 1g
우유 100g
달걀노른자 10g
식용유 5g

기타

사과콩포트 적당량

≈ Pâte à tourton

1 볼에 체 친 중력분, 설탕, 소금을 넣고 가볍게 섞어줍니다.

2 우유, 달걀노른자, 식용유를 넣고 섞어줍니다.

3 한 덩어리로 뭉쳐지면 랩핑한 후 냉장실에서 2시간 휴지시켜줍니다.

≈ Finition

4 휴지가 끝난 반죽은 1mm 두께로 밀어줍니다.

5 사과콩포트를 한 스푼씩 떠 4cm 간격을 두고 올려줍니다.

기타

물 적당량
식용유 적당량
슈거파우더 적당량

분량

: 가로 7cm, 세로 5cm
  투르통 6개

6 반죽 윗면과 사과콩포트 사이사이에 물을 골고루 발라줍니다.

7 반죽을 덮고 물을 바른 곳을 손으로 눌러 고정시켜줍니다.

8 사과콩포트가 가운데에 위치하도록 사각형 모양으로 잘라줍니다.

9 냄비에 식용유를 넣고 가열하다 180℃가 되면 반죽을 넣고 뒤집어가며
  노릇하게 튀겨줍니다.

10 식힘망 위에서 식힌 후 슈거파우더를 뿌려 완성합니다.

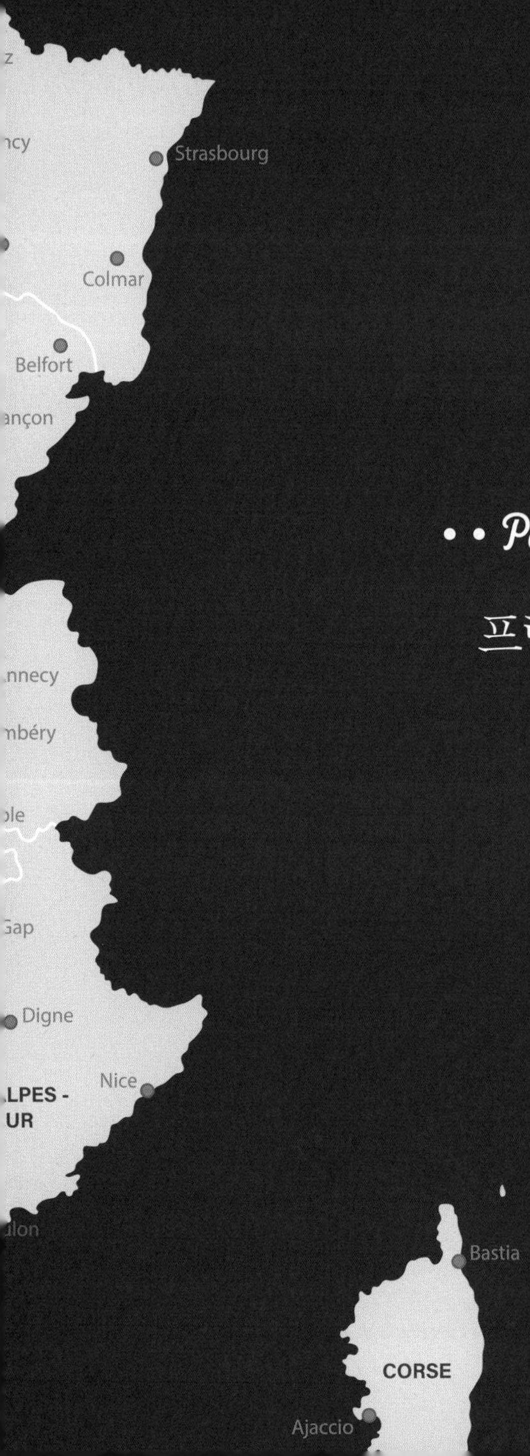

Strasbourg

Colmar

Belfort

ançon

nncy

nnecy

mbéry

ple

Gap

Digne

Nice

LPES -
UR

lon

Bastia

CORSE

Ajaccio

•• *Part 05* ••

프랑스 중부

타르트 타탱의 탄생에는 재미있는 이야기가 있습니다. 1880년대 파리에서 남쪽으로 169km 떨어진 라모트뵈브롱Lamotte-Beuvron의 타탱 호텔에서 일어난 이야기로, 호텔을 운영하던 스테파니와 카롤린 타탱 자매가 실수로 만든 사과 타르트가 지금의 타르트 타탱으로 탄생했다는 설입니다. 호텔이 바쁘던 어느 날 사과 디저트를 만들고자 했던 자매는 사과와 버터, 설탕을 불 위에 올려두고는 그것을 깜박하게 됩니다. 다시 디저트를 만들 시간은 없고 급한 대로 졸여진 사과 위에 타르트지를 올려 다시 오븐에 구운 뒤 접시에 엎어 손님에게 내었는데, 반응이 너무 좋아 호텔의 명물이 되었다는 이야기입니다.

틀에서 뒤집어 꺼내는 형태의 사과 디저트는 타탱 자매 이전에 1841년 앙토넹 카렘이 『Pâtissier Royal Parisien(파리의 궁정 제과사)』에서 이미 언급한 적이 있었습니다. 또 페이드라루아르Pay de la Loire 솔로뉴Sologne의 향토 과자 '타르트 솔로뇨트Tarte solognote'는 타르트 타탱과 거의 비슷한 형태로, 타르트 타탱 탄생 전부터 솔로뉴 사람들이 만들어 먹던 과자였습니다. 타탱 자매가 타르트 타탱을 처음 개발한 것은 아니지만 재미있는 이야기와 훌륭한 맛으로 인정받아 타르트 타탱(타탱 자매의 타르트)이라는 이름으로 오늘날까지도 오랫동안 사랑받고 있습니다.

원래 타르트 타탱은 렌 데 레네트와 캘빌이라는 사과 품종으로 만들었지만 요즘은 골든 딜리셔스나 그래니 스미스를 주로 사용합니다. 또 사과뿐만 아니라 서양배, 모과, 복숭아, 파인애플 또는 양파 같은 채소로도 만들 수 있습니다.

프랑스에서 타르트 타탱은 주로 레스토랑 디저트로 만나볼 수 있습니다. 큰 원형 틀에 구워 조각으로 자른 뒤 생크림이나 아이스크림이 올려져 나옵니다. 생각보다 훨씬 투박한 모양과 색감을 가지고 있으며 요즘 파리 제과점에서는 1인용의 작은 크기의 타르트로 예쁘게 만들어 파는 모습도 볼 수 있습니다. 지금도 타탱 호텔에서는 타르트 타탱을 판매합니다. 저도 언젠가 라모트뵈브롱을 여행하게 된다면 꼭 타탱 호텔에서 하룻밤 묵으며 맛보고 싶습니다.

망케 틀
19세기 '펠릭스네(Chez Félix)'라는 제과점의 제과사는 제누아즈를 만들 때 달걀에 거품 내는 것을 깜빡한다. 실수한 이 반죽을 버리기 아까웠던 그는 아몬드가루와 버터를 넣고 섞어 구웠고 맛이 좋아 판매까지 하게 되었다. 이후 실수로 탄생한 반죽을 구웠던 이 케이크 틀을 '결핍된', '부족한'이라는 뜻의 '망케(manqué)'라는 단어를 붙여 '망케 틀(Moule à manqué)'이라 부른다.

Ingrédient

푀이테 반죽(46p) 400g
박력분 125g
강력분 125g
무염버터A 22g
우유 60g
물 60g
소금 5g
무염버터B 200g

기타
무염버터 적당량

≈ Pâte feuilletée

1   3절 접기 6회를 끝낸 푀이테 반죽을 3mm 두께로 밀어 구멍을 내줍니다.

2   지름 20cm의 원형 틀에 맞춰 잘라준 후 철판에 팬닝해 175℃로 예열된 오븐에서 20분간 구워줍니다.

≈ Finition

3   틀 안쪽에 버터를 골고루 발라줍니다.

4   냄비에 설탕A를 넣고 가열해 진한 갈색의 캐러멜을 만들어줍니다.

5   ③에 부어줍니다.

기타

설탕A 40g
사과(중간 크기) 4개
설탕B 40g
NH펙틴 3g
나파주 뉴트르 200g

분량

: 지름 16cm, 높이 6cm
틀 1개

6　껍질을 깎아 8등분한 사과를 한 층 깔아줍니다.

7　설탕B와 NH펙틴을 섞어 사과 위에 골고루 뿌려줍니다.

8　남은 사과를 모두 올려준 후 사과 사이사이에 버터를 쪼개 잘라 올려넣어 175℃로 예열된 오븐에서 1시간 구워줍니다.

9　구워지는 동안 중간중간 상태를 확인하면서 숟가락으로 사과를 눌러주며 구워줍니다.

10　②를 올려 20분간 더 구워줍니다.

11　구워져 나온 타르트 타탱은 한 김 식혀 냉동실에서 완전히 차갑게 굳힌 후 토치로 틀을 가열해 꺼내줍니다. 뜨겁게 데운 나파주 뉴트르(미로와)를 끼얹어 매끈하게 만들어 완성합니다.

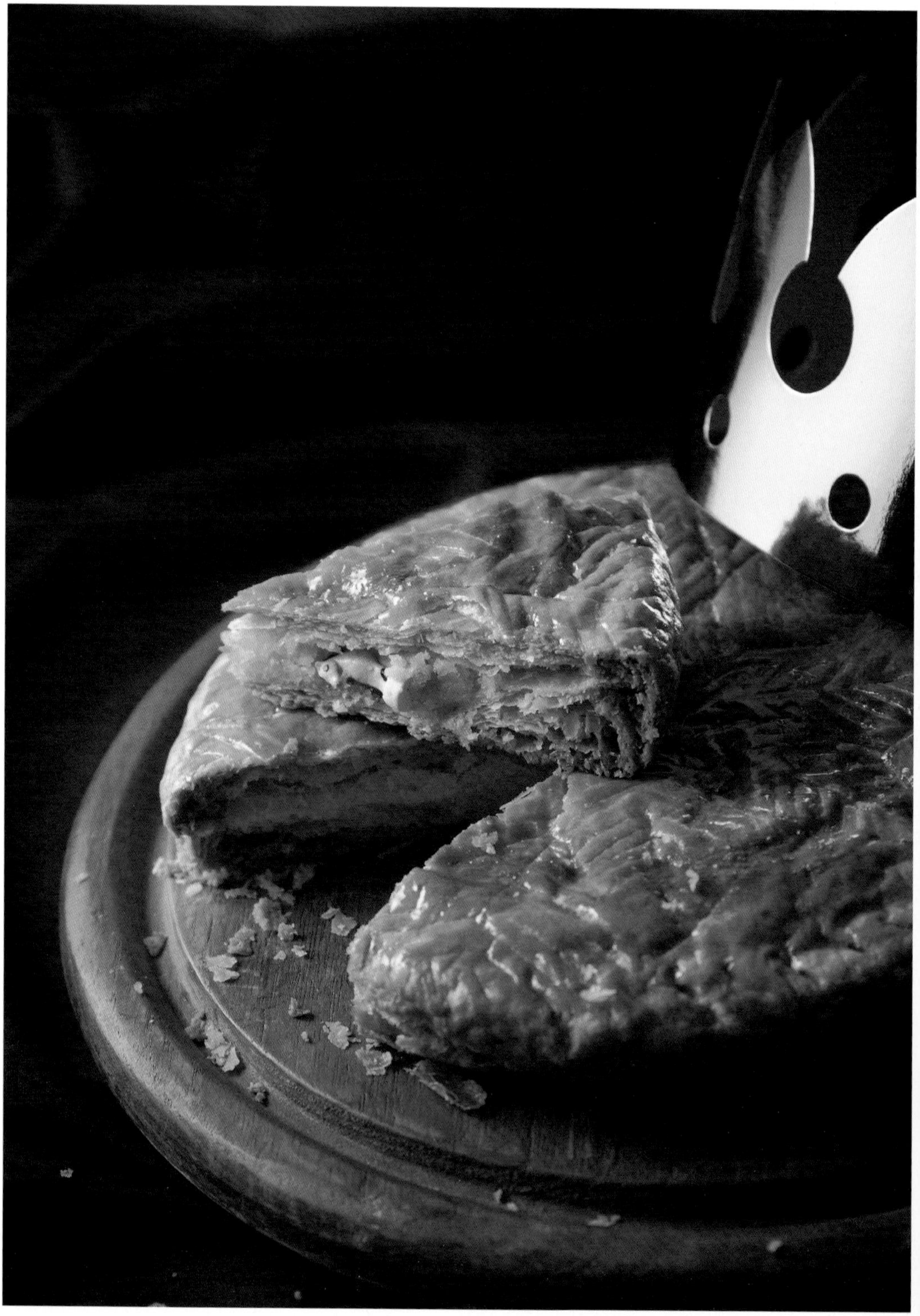

▄▬ 74 ▬▄　갈레트 데 루아　　　　　　　　　　　*Galette des rois*

프랑스에서는 특정 종교일에 먹는 과자가 정해져 있는 경우가 많은데, 1월 6일 주현절에 먹는 과자가 갈레트 데 루아입니다. 주현절은 기독교에서 동방 박사들이 아기 예수의 탄생을 축하하던 날을 기념하는 날입니다.

갈레트 데 루아의 기원은 로마시대로 거슬러 올라갑니다. 12월에서 1월 사이 열리는 사투르누스라는 로마 축제에서는 과자를 나누어 먹으며 노예에게 하루 동안 왕이 될 수 있는 특권을 주었습니다. 과자 속에 들어 있는 누에콩을 찾은 노예는 하루 동안 왕이나 주인처럼 행세할 수 있었고 소원을 이루어볼 수도 있었습니다. 꽤 중요했던 이 놀이는 공정성을 지키기 위해 가장 어린 사람이 테이블 아래에 숨어 누가 과자를 먹을지 지명했습니다.

갈레트 데 루아는 중세시대를 거쳐 루이 14세의 식탁에도 자주 등장했습니다. 왕과 여왕이 갈레트 데 루아를 좋아해 사람들과 나누기를 좋아했습니다. 또 루이 14세 이전에는 연회 참석자 중 여자가 갈레트 데 루아 속 콩을 뽑으면 하루 동안 여왕 행세를 할 수 있었지만 루이 14세가 이를 폐지하면서 이 놀이는 할 수 없게 되었습니다. 왕실이 엄격한 제제 속에 있을 때도 루이 14세는 갈레트 데 루아를 곁에 두고 놀이를 즐겼다고 합니다.

1711년 기근이 심해지자 프랑스 의회는 밀가루 소비를 줄이기 위해 빵 만들 때를 제외하고는 밀가루 사용을 금지했습니다. 하지만 18세기 초 제빵사들은 갈레트 데 루아를 판매했고 제과사들이 이에 이의를 제기해 소송을 걸었습니다. 결국 제과사들의 요청에 따라 의회는 1713~1717년 동안 제빵사들이 버터와 달걀을 사용하지 못하도록 법을 개정했습니다. 나라 사정은 계속 어려워지만 사치를 그칠 줄 모르는 왕실과 귀족들에 분노한 백성들은 1789년 프랑스 혁명을 일으키고, 혁명 기간 동안 왕을 가리키는 갈레트 데 루아를 사 먹지 말자는 여론이 많아 제과점들은 잠시 판매를 중단하기도 했습니다.

갈레트 데 루아 속에
숨겨 넣는 페브

프랑스 제과 도구점에
가면 낱개로도 살 수 있다.

Ingrédient
푀이테 반죽(46p) 400g
박력분 125g
강력분 125g
무염버터A 22g
우유 60g
물 60g
소금 5g
무염버터B 200g

아몬드 크림
무염버터 50g
아몬드TPT 100g
바닐라빈 1/6개
달걀전란 55g
소금 1g

≈ Pâte feuilletée

1 3절 접기 6회를 끝낸 푀이테 반죽을 200g씩 반으로 잘라줍니다.

2 모서리를 중앙으로 모아 동그랗게 말아줍니다.

3 접힌 부분이 바닥으로 오게 한 뒤 둥글려 매끈한 원형을 만듭니다.

4 두께 2mm, 지름 25cm 원형으로 밀어줍니다. 랩핑한 후 냉장실에서 2시간 이상 휴지시켜줍니다.

≈ Crème d'amandes

5 볼에 포마드 상태의 버터, 아몬드TPT(아몬드가루와 슈거파우더를 1:1 비율로 섞은 것), 바닐라빈을 넣고 섞어줍니다.

6 달걀전란을 조금씩 나누어 넣어가며 섞어 아몬드 크림을 완성합니다.

7 짤주머니에 담아 테프론시트 위에 지름 15cm의 원형으로 파이핑한 후 냉동실에서 단단하게 굳혀줍니다.

기타
달걀물 적당량
30보메 시럽 적당량

분량
: 지름 21cm, 높이 5cm
 갈레트 데 루아 1개

≈ Finition

8 휴지가 끝난 1장의 반죽 위에 ⑦을 올리고 페브를 넣어 고정시킨 후 가장자리에 달걀물을 얇게 골고루 발라줍니다.

9 남은 1장의 반죽으로 덮고 아몬드 크림 둘레를 손으로 눌러 새어나오지 않도록 합니다. 가장자리 여분의 반죽은 속으로 접어 넣어줍니다.

10 휴지가 끝난 반죽은 팬닝한 후 달걀물을 얇게 골고루 발라줍니다.

11 칼등을 비스듬하게 눕혀 윗면에 무늬를 냅니다.

12 칼로 군데군데 반죽 안쪽까지 찔러 수증기가 나갈 구멍을 내줍니다.

13 칼등으로 반죽 가장자리를 눌러 주름 무늬를 냅니다.

14 175℃로 예열된 오븐에서 15분간 구운 후 부풀어 오르기 시작하면 철판을 올려 35분간 더 구워줍니다. 구워져 나온 갈레트는 30보메 시럽(물 100g + 설탕 135g)을 발라 완성합니다.

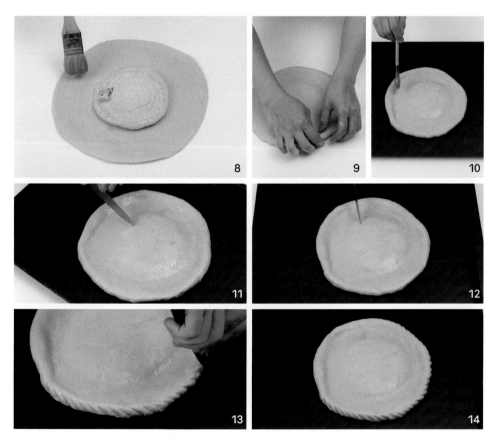

781년 코르므리Cormery의 한 수도원에서 만들어진 마카롱 드 코르므리는 17세기에 처음 기록되었습니다. 수분이 적고 당도가 높아 보관성이 좋은 '마카롱Macaron'은 중세시대 선원들의 좋은 간식이었습니다. 덕분에 배를 타고 국경을 넘어간 마카롱은 빠르게 유럽 내에서 퍼져 나갔습니다. 베니스에서 '마카로니Maccherone'라는 이름의 부드러운 아몬드 과자 레시피가 등장했고 동일한 시기에 프랑스에서 '마카룬Macaroon'이라는 이름의 아몬드 과자가 기록으로 남아 있는 것을 보면 마카롱이 어떻게 전파되었는지 알 수 있습니다. 마카룬 또는 마카로니Macaroni라고 불리던 아몬드 과자는 1552년 프랑수아 라블레의 『Le Quart Livre(제4서)』에서 처음으로 마카롱이라 불려졌습니다.

　　보통의 마카롱은 속까지 꽉 찬 완벽한 원형이지만 마카롱 드 코르므리는 속이 뻥 뚫린 도넛 형태입니다. 그 이유에 대해서는 여러 설이 있는데, 그중 하나는 레시피를 개발한 신부가 이 마카롱이 더 유명해지길 원했고 다른 지역의 마카롱과 차별되도록 중앙이 뻥 뚫린 마카롱을 생각하게 되었다는 이야기입니다. 또 다른 이야기는 마카롱 드 코르므리를 개발한 코르므리의 수도원 재정이 점점 나빠지자 반죽의 양을 줄이기 위해 중앙을 뻥 뚫린 형태로 굽게 되었다는 설입니다. 설이야 어찌 됐든 독특한 모양을 한 마카롱 드 코르므리는 한 번 보면 잊을 수 없는 매력을 갖게 되었습니다.

　　프랑스 여러 지역에서 각기 다른 배경과 모양으로 만들어지던 마카롱이 지금의 모습을 갖춘 건 19세기에 들어서입니다. 파리의 '라뒤레Ladurée'에서 2개의 얇은 마카롱 사이에 크림을 샌드해 판매하기 시작하면서 오늘날까지 화려한 프랑스 과자로 자리 잡게 되었습니다. 파리 베르사유 궁전에서는 1682년부터 루이 16세까지 궁정 요리사였던 샤를 달루아유가 왕과 왕비에게 마카롱을 지속적으로 대접한 것을 보면 당시 마카롱의 인기를 미루어 짐작할 수 있습니다.

마카롱의 주 재료인 아몬드.
껍질을 까지 않은 생아몬드도 쉽게 만날 수 있다.

Ingrédient

마카롱 반죽
아몬드가루 200g
설탕 100g
슈거파우더 50g
달걀흰자 70g

≈ Pâte à macarons

1   볼에 체 친 아몬드가루, 설탕, 슈거파우더, 달걀흰자 절반을 넣고 섞어줍니다.

2   남은 달걀흰자를 조금씩 넣어가며 반죽이 손에 묻어나지 않을 정도의 농도로 섞어줍니다.

≈ Finition

3   지름 1.5cm의 8발 별 깍지를 끼운 짤주머니에 담아 팬에 10cm 길이로 파이핑해줍니다.

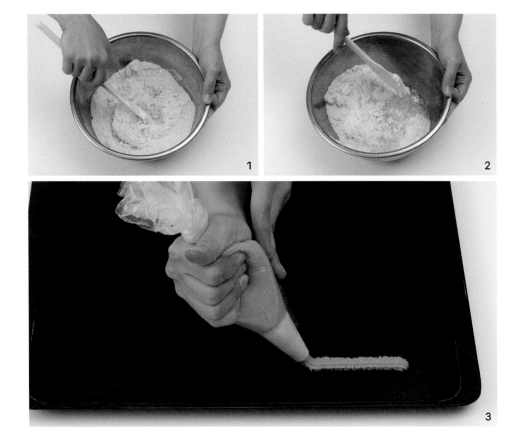

분량

: 지름 5cm
 마카롱 드 코르므리 20개

4   도넛 모양으로 잡은 뒤 이어 붙여줍니다.

5   170℃로 예열된 오븐에서 20분간 구워 완성합니다.

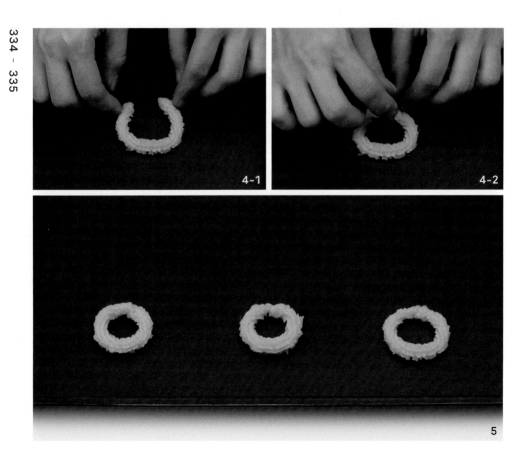

르네상스시대에 태어난 이 과자는 투렌Touraine의 향토 과자입니다. 투렌은 1790년 프랑스 영토 개편 이전에 존재하던 지역 구분으로, 당시 투렌의 수도가 투르Tours였습니다. 투렌의 누가 드 투르는 바닥에 쉬크레 반죽 또는 사블레 반죽을 깔고 속에 과일 당절임을 채운 뒤 '마카로나드 다망드(다쿠아즈와 비슷한 과자)Macaronade d'amande'를 올려 굽는 타르트입니다. 르네상스시대를 대표하는 예술가 레오나르도 다빈치는 아몬드와 과일 당절임을 좋아했는데, 거기에 딱 맞는 과자가 바로 누가 드 투르가 아닐까 싶습니다.

르네상스시대에는 '에피스 드 샹브르épices de chambre'라는 당절임이 유행했습니다. 주로 자두, 살구, 피스타치오, 잣 등을 설탕 시럽에 절였고 보관성이 좋아 여행용 디저트로 가지고 다녔지만 시간이 흘러 20세기 초부터 점차 사라지다 지금은 거의 잊혀진 음식이 되었습니다. 그리고 1865년 이 에피스 드 샹브르를 넣은 누가 드 투르가 처음으로 요리책에 등장합니다. 모나코의 왕자 찰스 3세의 요리사가 누가 드 투르에 대한 요리법을 남긴 것입니다. 1970년대 말 투르에서 다시 유행하기 시작한 이 타르트는 1990년대 후반부터는 투르의 특산품으로 자리 잡았습니다.

여러 가지 과일 당절임

Ingrédient

쉬크레 반죽(206p)

무염버터 50g
슈거파우더 30g
달걀전란 12g
박력분 75g
아몬드TPT 25g

기타

살구잼 160g
오렌지콩피 150g

≈ Pâte sucrée

1 쉬크레 반죽을 3mm 두께로 밀어줍니다.

2 지름 15cm의 타르트 틀에 넣고 재빨리 바닥까지 밀어 넣어 앉혀줍니다.

3 옆면과 바닥을 눌러가며 빈 공간이 없도록 붙여줍니다.

4 밀대로 반죽의 윗면을 정리하고 손으로 눌러 두께를 일정하게 맞춘 후 칼로 한 번 더 윗면을 정리해줍니다.

5 바닥에 살구잼을 바르고 그 위에 오렌지콩피를 올려줍니다.

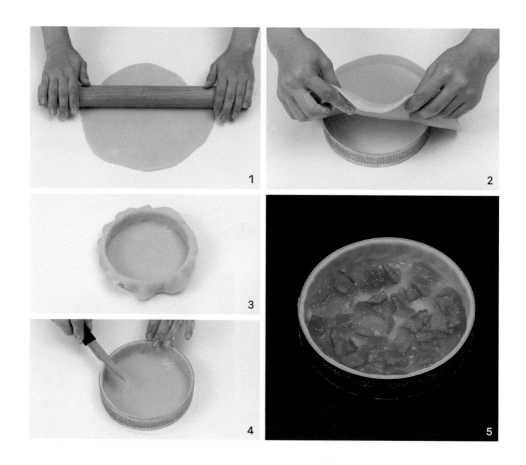

마카로나드 반죽
달걀흰자 110g
슈거파우더 60g
아몬드가루 60g

기타
슈거파우더 적당량

분량
: 지름 15cm, 높이 4cm
　틀 1개

≈ Macaronade d'amande

6　볼에 달걀흰자를 넣고 휘핑해 단단하게 거품을 올려줍니다.

7　체 친 슈거파우더와 아몬드가루를 두세 번 나누어 넣고 섞어 줍니다.

≈ Finition

8　⑤에 ⑦을 올려 고르게 펴줍니다.

9　슈거파우더를 골고루 뿌려줍니다.

10　170℃로 예열된 오븐에서 35분간 구워 완성한 후 완전히 식으면 틀에서 꺼내줍니다.

프랑스 베리Berry와 부르보네Bourbonnais에서 만들어 먹는 이 팬케이크는 원래 밀가루, 꿀, 기름으로 만든 도넛을 가리킵니다. 베리의 시골에서는 가난한 농민이나 노동자들이 달거나 짜게 만들어 식사로 먹던 음식으로, 지금은 주로 사과를 넣은 팬케이크 형태로 구워 먹거나 빵 부스러기를 섞은 오믈렛으로 만들어 먹기도 합니다. 또 부르보네에서는 겨울에 양파를 넣고 굽는데, 축제에서 인기가 좋은 메뉴 중 하나입니다.

상시오라는 이름은 1892년 파리의 부르보네 협회에서 지었습니다. 참고로 이 협회는 1924년까지 여성들의 참가가 금지되었다고 합니다.

주로 죽 형태의 프랑스 향토 과자(클라푸티, 크레프, 미야스 등)를 보면 농민들이 간단히 만들어 먹던 식사나 간식이 여태 남아 있는 경우가 많습니다. 레시피를 보면 특별한 도구나 재료 없이 일상에서 쉽게 찾을 수 있는 것들로 만들어졌다는 사실을 알 수 있습니다. 옛날부터 투렌Touraine은 다양하고 질 좋은 사과가 재배되는 곳으로 유명해서 상시오를 만들 때도 졸인 사과를 이용하는 레시피가 많습니다.

Ingrédient

박력분 60g
소금 1g
우유 125g
달걀전란 55g
무염버터 적당량
사과 2개
슈거파우더 적당량

1   볼에 체 친 박력분과 소금을 넣고 섞어줍니다.

2   우유를 조금씩 부어가며 섞어줍니다.

3   달걀전란을 넣고 섞어줍니다.

분량

: 지름 20cm 상시오 1개

4 프라이팬에 버터를 넣고 가열해줍니다.

5 버터가 끓어 오르면 적당한 크기로 썬 사과를 일정한 간격을 두고 올려줍니다.

6 반죽을 부어줍니다.

7 아랫면이 노릇해질 때까지 구운 후 뒤집어 구워줍니다. 양면이 모두 노릇하게 구워지면 접시에 올려 슈거파우더를 뿌려 완성합니다.

z

ncy

● Strasbourg

●

● Colmar

● Belfort

ançon

●● *Part 06* ●●

프랑스 섬

Annecy

mbéry

ole

Gap

● Digne

● Nice

ALPES -
UR

ulon

● Bastia

CORSE

● Ajaccio

프랑스 동남쪽, 이탈리아반도 서쪽에 위치하고 있는 섬 코르스Corse는 이탈리아와 프랑스 문화를 모두 간직한 독특한 지역입니다. 13세기부터 18세기까지는 이탈리아 제노바 공화국의 통치를 받았기 때문에 언어나 문화적인 부분에서 이탈리아의 모습이 많이 남아 있습니다.

코르스에는 이탈리아의 리코타 치즈와 비슷한 브로츄라는 치즈가 있습니다. 양이나 염소젖으로 만드는 유청 치즈(가열하여 치즈로 만들 때 생기는 유청을 굳혀 만든 치즈)로, 생산할 때 손실되는 재료가 거의 없어 가난한 나라에서 주로 생산하는 치즈입니다.

브로츄는 AOCAppellation d'origine contrôlée 지정 식품입니다. 프랑스에서는 지리적 환경이 뚜렷하게 나타나는 좋은 품질의 생산물이 나오는 경우 AOC를 지정해주는데, AOC로 지정된 식품은 프랑스 법의 규제를 받아 생산 구역, 품종, 재배 방법, 생산 방식 등을 지켜야만 해당 이름을 사용하도록 보호를 받습니다. 그래서 브로츄는 코르스에서 생산되어야만 브로츄라는 이름을 사용할 수 있습니다. 팔쿨렐은 반드시 브로츄를 사용하고 달걀노른자, 밀가루, 설탕을 섞어 반죽한 뒤 밤나무 잎에 올려 오븐에 구워냅니다.

코르스는 밀가루 대신 밤가루를 주식으로 사용했을 정도로 밤나무가 많은 지역입니다. 포도원 근처에는 포도 잎에 재료를 싸서 익히는 요리법이 있는 것처럼 코르스에는 밤나무 잎을 이용한 요리가 있습니다. 밤나무 잎에 팔쿨렐 반죽을 올려 구우면 잎의 향이 과자에 베어나와 풍미가 더 좋아지며 주로 식후의 디저트로 먹습니다.

Ingrédient

브로츄 치즈
(또는 리코타 치즈) 500g
슈거파우더 180g
레몬제스트 적당량
달걀 4개

1   볼에 브로츄 치즈, 슈거파우더 레몬제스트를 넣고 섞어줍니다.

2   달걀을 넣고 섞어줍니다.

1-1

1-2

2-1

2-2

기타

밤나무 잎
(또는 넓은 나뭇잎) 적당량

3 팬에 나뭇잎을 깔아줍니다.

4 나뭇잎 위에 ②를 적당량 올려줍니다.

5 170℃로 예열된 오븐에서 15분간 구워 완성합니다.

분량

: 지름 10 cm 팔쿨렐 10개

양배 씨의 한마디

프랑스 코르스의 밤나무와 한국의 밤나무는 종류가 달라 잎 크기의 차이
가 있어요. 좁고 길쭉한 한국 밤나무잎에는 반죽을 올리기 힘들기 때문
에 나뭇잎 대신 종이호일이나 양배추 잎에 올려 굽는 것을 추천해요.
본 책에서는 이해를 돕기 위해 코르스 밤나무 잎과 비슷하게 생긴 나뭇잎을 구해 반
죽을 올려 구워보았어요.

■ 79 ■ 카니스트렐리 *Canistrelli*

13세기부터 만들어 먹기 시작한 것으로 보이는 이 과자는 코르스Corse 발라뉴Balagne의 향토 과자입니다. 칼비Calvi에서 열리는 종교 행사에서 먹던 과자로, 특히 목요일 성당에서 라반다라는 발을 씻겨주는 행사를 할 때 나누어 먹었습니다. 이처럼 카니스트렐리는 중세시대의 종교 행사 때부터 오늘날의 일상생활까지 코르스 사람들에게 사랑받는 과자입니다. 아침 식사나 간식, 피난처에 도착했을 때도 이 과자를 먹었습니다.

　기본적으로 카니스트렐리는 밀가루, 설탕, 화이트 와인을 넣고 아주 건조하고 단단하게 굽지만 긴 시간이 지나면서 다양하게 변형되었습니다. 아니스 씨를 넣고 식욕을 돋우는 과자로 이용되기도 하고 건포도나 레몬을 넣어 굽기도 합니다. 비슷한 이름의 '카네스트렐리Canestrelli'라는 과자가 이탈리아 피에몬테에도 있습니다. 카네스트렐리는 고운 밀가루 대신 입자가 굵은 세모리나(듀럼밀)를 사용합니다.

아니스 술

Ingrédient

카니스틀레리 반죽

박력분 250g

베이킹파우더 1g

헤이즐넛가루 50g

설탕 100g

식용유 60g

화이트 와인 70g

아니스 술 40g

≈ Pâte à canistrelli

1 볼에 볼에 체 친 박력분, 베이킹파우더, 헤이즐넛가루, 설탕을 넣고 섞어
줍니다.

2 식용유, 화이트 와인, 아니스 술을 넣고 섞어줍니다.

3 완성된 반죽을 랩핑한 후 냉장실에서 1시간 휴지시켜줍니다.

분량

: 사방 5cm
카니스트렐리 20개

≈ Finition

4   휴지가 끝난 반죽은 1cm 두께로 밀어줍니다.

5   각 변의 길이가 5cm인 마름모 모양으로 잘라줍니다.

6   일정한 간격을 두고 팬닝한 후 175℃로 예열된 오븐에서 13분간 구워 완성합니다.

4

5

6

Flan à la farine de châtaigne

밀 재배가 적합하지 않던 코르스Corse에서는 12세기부터 밤나무를 길렀습니다. 이탈리아 제노바 공화국의 지배하에 있었던 16세기에는 제노바 주지사가 코르스의 모든 농민과 토지 소유자에게 매년 네 그루의 나무(밤, 올리브, 무화과, 뽕나무)를 심도록 명령했고, 그 결과 코르스는 밀 대신 밤이 주식으로 사용될 정도로 밤나무 숲이 많은 지역이 되었습니다. 코르스의 밤 분말은 AOCAppellation d'origine contrôlée와 AOPAppellation d'origine protégée로 지정되어 보호받고 있습니다.

코르스에서 재배되는 밤은 아르데슈Ardèche의 알이 큰 마롱이 아닌 알이 작은 샤테뉴 종입니다. 샤테뉴 밤가루는 밀가루와 달리 글루텐이 없고 단백질, 필수 아미노산, 섬유질이 많고 지방이 적기 때문에 코르스 사람들의 식량 부족과 영양 부족을 확실하게 채워주었습니다. 밤가루는 1900년대까지 농민들의 식재료로써 죽, 팬케이크, 빵 등으로 다양하게 요리됐으며 플랑 아 라 파린 드 샤테뉴로 만들어 간식으로도 먹었습니다. 밀가루보다 단맛이 나는 밤가루로 플랑 아 라 파린 드 샤테뉴를 만들면 은은하게 올라오는 단맛이 매력적입니다. 저는 국산 밤가루를 사용해서 향이 덜한 것 같아 기본 레시피에 럼과 바닐라를 넣어 향을 더했습니다.

Ingrédient

우유 500g
달걀 2개
다크럼 20g
설탕 90g
밤가루 65g
바닐라빈 1/4개

분량
: 지름 15cm, 높이 6cm
 원형 도기 1개

1 볼에 우유, 달걀, 다크럼을 넣고 섞어줍니다.

2 다른 볼에 설탕, 체 친 밤가루, 바닐라빈을 넣고 섞어줍니다.

3 ①에 조금씩 부어가며 섞어줍니다.

4 오븐용 도기에 80% 정도 채운 후 175℃로 예열된 오븐에서 40분간 구워
 완성합니다.

양배 씨가 추천하는 향토 과자 여행지

리옹(Lyon)
미식의 도시 리옹! 새빨간 프랄린 로즈와 알록달록 과일 콩피, 쿠생 드 리옹을 한눈에 보고 싶다면 폴 보퀴즈 시장(Les Halles de Lyon-Paul Bocuse)에 들러보세요. 리옹에 왔다면 꼭 맛보아야 할 것들이 이곳에 다 모여 있습니다.

엑상프로방스(Aix-en-Provence)
엑상프로방스 여행을 계획하고 있다면 꼭 토요일이 들어가도록 일정표를 짜두는 것을 추천합니다. 매주 화, 목, 토요일마다 엑상프로방스 시청 앞 광장에서 큰 재래시장이 열리는데 여기에서는 일반 제과점에서 찾기 힘든 투박한 모양의 향토 과자들을 만날 수 있습니다. 구입하기 전 조금씩 맛볼 수 있는 시식도 시장을 찾는 재미 중 하나입니다.

스트라스부르(Strasbourg)

12월에 프랑스를 여행할 계획이라면 스트라스부르를 꼭 방문해보세요. 스트라스부르 대성당과 클레베르 광장 근처에서 열리는 크리스마스 마켓(Christkindelsmärik)에서 알자스의 향토 과자들을 볼 수 있습니다. 크리스마스 마켓 주변 기념품 상점에서 도자기로 만든 쿠글로프 틀이나 알자스 전통 트리 장식품을 사는 것도 스트라스부르를 기념하는 방법 중 하나입니다.

생떼밀리옹(Saint-Émillion)

보르도를 방문하게 된다면 기차로 금방 갈 수 있는 생떼밀리옹에도 꼭 함께 들러보세요 생떼밀리옹은 프랑스의 손꼽히는 와이너리로도 유명하지만 화이트와인을 넣고 구운 생떼밀리옹 마카롱과 카눌레를 맛볼 수 있는 곳이기도 합니다. 마을 입구부터 꼭대기에 있는 성 프란체스코 수도원(Cloître des Cordeliers)까지 와이너리가 펼쳐져 있으니 투어를 신청해 동네를 한 바퀴 돌아보는 것도 추천합니다.

낭트(Nante)

프랑스 브르타뉴 지방의 심장 낭트입니다. 걷는 걸음걸음마다 버터 향이 폴폴 느껴지는 듯한 거리를 걸으며 브르타뉴의 향토 과자를 즐길 수 있습니다. 버터가 듬뿍 들어간 쿠인아만과 가벼운 식감의 사블레 브르톤 그리고 기념품 상점에서 색색의 설탕 과자를 사보는 재미도 있습니다.

참고 문헌

『Le grand livre de la gastronomie française』, Frédéric Zégierman, 2013

『La cuisine corse』, Sabine Cassel-Lanfranchi, 2003

『Science de Gueule en Périgord』, Georges Rocal/Peaul Balard, 1971

『Cuisine traditionnelle des Alpes』, Claude Muller, 2007

『La pâtisserie d'aujourd'hui』, Urbain-Dubois, 1924

『Traité de pâtisserie moderne』, Émile Darenne/Émile Duval, 1970

『Le mémorial de la pâtisserie』, Pierre Lacam, 1890

『Cuisine des provinces de France』, RJ.COURTINE, 1978

『La cuisine dauphinoise à travers les siècles』, René Fonvieille, 1983

『Le guide culinaire』, Auguste Escoffier, 2009

『Larousse Gastronomique』, Gastronomic Committee, 2009

『'オーボンヴュータン' 河田勝彦のフランス郷土菓子』河田勝彦, 2014

『フランス伝統菓子図鑑 お菓子の由来と作り方』, 山本 ゆりこ, 2019

참고 사이트

www.patisserie-aprile.fr
www.aquitaineonline.com
www.legateaubasque.com
saint-emilion.org
associationcassenoisettes.wordpress.com
www.bonschocolatiers.com/fr
www.lamontagne.fr
fete-cornets-murat.fr
www.leguidedufromage.com
www.cormery.fr
acasaluna.com
cremetdanjou.fr
archives.angers.fr/index.html
www.edelices.com
www.saint-calais.fr
www.anjou-tourisme.com
www.keldelice.com
www.nancy-tourisme.fr
www.jaimemonpatrimoine.fr
www.cuisinealafrancaise.com
dijoon.free.fr
www.gastronomiac.com
creperieloheac.com
www.croustadegasconne.fr